CONTRIBUTION

A LA

MALACOLOGIQUE DU CAMEROUN

PAR

PH. DAUTZENBERG

(Planche VI.)

EXTRAIT

DE LA

REVUE ZOOLOGIQUE AFRICAINE

Publiée sous la direction du Dr **H. SCHOUTEDEN** (Bruxelles).

VOL. IX. FASC. 1 et 2. — 1921.

Marcel **HAYEZ**, Imprimeur de l'Académie
BRUXELLES

Extrait de la *REVUE ZOOLOGIQUE AFRICAINE*, vol. IX, fasc. 1 et 2, 1921.

CONTRIBUTION

A LA

FAUNE MALACOLOGIQUE DU CAMEROUN

PAR

PH. DAUTZENBERG.

(Planche VI.)

Les matériaux qui nous ont servi pour ce travail ont été recueillis par M. Fourneau, Gouverneur du Caméroun français, et envoyés à notre ami. M. le Général de Lamothe, qui a bien voulu nous en confier l'étude.

Parmi les Mollusques terrestres, nous avons rencontré une nouvelle espèce d'*Achatina* et une belle variété d'*Achatina marginata* qui n'avait pas encore été signalée.

Les Mollusques marins nous ont permis d'apprécier mieux certaines formes et de fixer l'habitat de quelques autres.

Enfin, nous avons profité de cette occasion pour établir la synonymie des espèces citées et pour en rectifier parfois la nomenclature.

Achatina balteata Reeve.

1849. *Achatina balteata*   Reeve, Conch. Icon., pl. II, fig. 7 (Gambie).
1850.   —   —   Reeve Albers, Die Heliceen, p. 190.
1851.   —   —   —   Deshayes in Férussac, Hist. nat. Moll., II, 2e partie, p. 164, pl. CXXXII, fig. 3-5.
1852.   —   —   —   Jay, Catal. of Shells, 4th edit., p. 216.

1853. *Achatina balteata* Reeve PFEIFFER, Monogr. Helic. viv., III, p. 487.

1856.   —   —   —   PFEIFFER, Conch. Cab , 2ᵉ édit., p. 304,
                                  pl. XI, fig. 3, 4.

1857.   —   *Balteata*   —   GRÜNER, Catal. Coll. Grüner, p. 25.

1858.   —   *balteata*   —   MORELET, Séries Conch., I, p. 20 (Gabon).

1860.   —   —   ... ALBERS, Die Heliceen, édit. v. Martens,
                                  p. 201.

1861.   —   —   —   BROWN, Catal. Collect. A. D. Brown, p. 55.

1865.   ..   —   —   BIELZ, Catal. Collect. Bielz, p. 23.

1868.   —   —   —   HAINES, Catal. Collect. W. A. Haines, p. 67.

1868.   —   ...   —   MORELET, Voyage Welwitsch, p. 65 (Ben-
                                  guella).

1874.   —   —   .. FRIDRICI, Catal. Conchyl. Mus. Metz, p. 184.

1876.   —   —   ROETERS VAN LENNEP, Catal. Collect.,
                                  p. 53.

1876.   —   —   —   VON MARTENS, Die von Dʳ Buchholtz in
                                  Westafrica ges. Moll., Monatsber. K.
                                  Acad. d. Wissensch. zu Berlin, p. 258
                                  (Victoria : Cameroun).

1878.   —   —   —   G. R. BATALHA, Catal. Collect. Conch.
                                  F. R. Batalha, p. 1.

1881.   —   —   —   PFEIFFER, Nomencl. Helic. viv., p. 265.

1882.   —   —   —   VON MARTENS, Binnenconch. aus Angola
                                  u. Loango, Jahrb. d. D. Malak. Ges., IX,
                                  p. 245 (Chinchoxo).

1884.   —   —   —   GRASSET, Index Test. viv., p. 199.

1888.   —   —   —   MARTORELL, Catal. Mus. Martorell, p. 56.

1888.   —   —   —   VIGNON, Bull. Soc. Malac. France, V, p. 69
                                  (Gabon).

1888.   —   —   —   ANCEY, Moll. terr. Afr. Occid. rec. par
                                  Vignon, Bull. Soc. Malac. France, p. 69.

1889.   —   —   —   BOURGUIGNAT, Moll. Afr. Equator., p. 78
                                  (Sénégambie).

1889. *Achatina (Achatina) bal-
       teata* Reeve   PÆTEL, Catal. Conch. Samml., II, p. 239.

1893. *Achatina balteata* Reeve STEARNS, W. Afr. Moll., Proc. U. S. Nat.
                                  Mus., XVI, p. 326 (Sierra-Leone).

1904.   —   —   —   PILSBRY, Manual of Conch., XVII, p. 30,
                                  pl. IV, fig. 27.

1910. *Achatina balteata* Reeve HIDALGO, Moll. de la Guinea española, Mem. R. Soc. Esp. de H. Nat., p. 508.

1911. *Achatina (Achatina) balteata* Reeve GERMAIN, Bull. du Muséum, p. 223 (Gabon, Congo).

1913. *Achatina (Achatina) balteata* Reeve GERMAIN, Contr. Faune Afr. Equator., XXXVII, Bull. Mus. H. Nat., p. 283 (Pays M'Bagha, Lobaye).

1913 *Achatina (Achatina) balteata* Reeve GERMAIN, Moll. Afr. Equator. comm. par M. le C¹ Lucien Fourneau, Bull. Mus. H. Nat., pp. 352-353, fig. 71 (M'Baïki, Lobaye) et var. *Vidaleti* GERMAIN.

HABITAT. — Yaoundé, à 700 mètres d'altitude.

L'*A. balteata* a été découvert tout d'abord sur les bancs de la rivière Gambie : « Banks of the river Gambia » (REEVE), ce que DESHAYES a traduit ainsi : « l'Afrique, dans la province de Gambie, aux abords de la rivière de Banks » ! Depuis, il a été signalé successivement au Benguela par WELWITSCH, au Sierra-Leone par STEARNS, à l'Angola et au Loango par VON MARTENS, au Gabon par MORELET, au Caméroun par VON MARTENS et au Congo par GERMAIN. Il semble être rare au Caméroun, puisqu'il n'a pas été rencontré par d'AILLY dans les récoltes de Dusén, de Sjösted et de Jungner.

Achatina iostoma PFEIFFER.

1852 *Achatina iostoma* PFEIFFER, Proc. Zool. Soc. Lond., p. 86 (Fernando-Poo).

1853. — — PFEIFFER, Mon. Helic. viv., III, p. 485.

1855. — — PFEIFFER, Conch. Cab., 2ᵉ édit., p. 360, pl. XLIII, fig. 7.

1860. — — Pfr. ALBERS, Die Heliceen, édit. v. Martens, p. 201.

187 — *balteata* VON MARTENS (non Reeve), Monatsber. Berl Acad., p. 258, pl. II, fig. 2 (Victoria).

1878. *Achatina iostoma*   PFEIFFER, Nomencl. Helic. viv., p. 265.

1889.   —   —   Pfr.   BOURGUIGNAT, Moll. Afr. Equator., p. 77.

1889. *Achatina (Achatina)*
          iostoma Pfr.   PÆTEL, Catal. Conch. Samml., II, p. 239.

1896. *Achatina iostoma* Pfr.   D'AILLY, Contrib. Moll. Kaméroun, p. 65.

1904.   —   —   —   PILSBRY, Manual of Conch. XVII, p. 32,
                                    pl. XVII, fig. 18; pl. XLII, fig. 10.

1905.   —   —   —   O. BÖTTGER, Nachrichtsblatt d. D. Malak.
                                    Ges., p. 169.

1914. *Achatina (Achatina)*
          iostoma Pfr.   DAUTZENBERG et GERMAIN, Récoltes Malac.
                                    Bequaert, Revue Zool. Afr., p. 24.

HABITAT. — Yaoundé, à 700 mètres d'altitude. (Une vingtaine d'exemplaires.)

Cette espèce a été décrite par PFEIFFER d'après des spécimens provenant de Fernando-Po. Depuis, elle a été signalée comme étant commune au Caméroun, par VON MARTENS (récolte Buchholtz) et par d'AILLY. Son test est beaucoup plus mince que celui de l'*A. balteata*; la surface des derniers tours est entièrement couverte de granulations beaucoup plus fortes et disposées en séries longitudinales irrégulières qui bifurquent, puis se rejoignent et forment ainsi, par places, des losanges allongés. La spire s'élargit aussi plus rapidement que chez l'*A. balteata* et le dernier tour, plus haut en proportion, est aussi plus ventru.

Faute de matériaux suffisants nous avons, dans notre travail sur les récoltes de M. BEQUAERT, fait entrer l'*A. rugosa* DUPUIS et PUTZEYS dans la synonymie de l'*A. iostoma*, mais l'important envoi de M. FOURNEAU nous fait abandonner aujourd'hui cette manière de voir. La sculpture de l'*iostoma* est beaucoup plus forte, la forme de la coquille est moins allongée, le dernier tour est plus dilaté; enfin le dessin des premiers tours, parfaitement représenté par PFEIFFER dans le Conchylien Cabinet, paraît constant et consiste en linéoles brunes nombreuses plus ou moins obliques et bien apparentes, tandis que les tours supérieurs de l'*A. rugosa* ne montrent que des taches larges, espacées, irrégulières et peu visibles.

Achatina Gruveli nov. sp.

(Pl. VI, fig. 1, 2.)

Testa tenuis et parum nitens. Spira conica. Anfr. 7 subplani, ultimus $^3/_4$ testæ altitudinem superans : primus lœvis, sequentes 3 tenuissime ac ultimi gradatim validius granulati. Anfr. ultimus ubique granulatus, sed in dimidia parte infera granuli debiliores fiunt. Apertura piriformis marginibus callo tenuissimo junctis. Columella angusta, subarcuata, non torta, in basi truncata. Color fulvus, anfr. primi erubescentes ac longitudinaliter castaneo oblique flammulati. Anfr. duo ultimi albo opaco longitudinaliter plus minusve copiose flammulati. Apertura intus cœrulescens; columella fusca, intus albescens. Altit. 95, diam. maj. 45 millim., Apertura 54 millim. alta, 32 millim. lata.

Coquille mince, peu luisante. Spire conique composée de 7 tours peu convexes, le dernier occupant plus des $^3/_4$ de la hauteur de la coquille. Premier tour embryonnaire lisse, les suivants très finement granuleux. Les granulations s'accentuent graduellement sur les tours suivants et persistent sur le dernier, tout en s'atténuant légèrement sur sa moitié inférieure. Ouverture piriforme, bords reliés par une callosité mince et luisante. Labre tranchant, arqué. Columelle étroite, faiblement arquée, non tordue, tronquée à la base. Coloration fauve plus ou moins foncée; premiers tours rosés, ornés de flammules longitudinales obliques d'un brun rougeâtre. Les deux derniers tours sont traversés par des flammules longitudinales blanches, irrégulières, hydrophanes, parfois très larges. Intérieur de l'ouverture recouvert d'un émail bleuâtre. Columelle brune bordée de blanc du côté interne.

Habitat. — Yaoundé, à 760 mètres d'altitude. (8 exemplaires.)

Il ne nous a été possible d'identifier cette forme à aucune des espèces décrites jusqu'à présent. Sa sculpture granuleuse est plus fine que celle de l'*A. iostoma*; sa columelle n'est pas tordue comme celle de cette espèce et son test est encore plus mince. La conformation de sa spire est fort différente de celle de l'*A. camerunensis*, dont le sommet est très obtus.

Achatina (Archachatina) marginata SWAINSON.

1742. *Buccinum parvum inte-*
      grum, etc.   GUALTIERI, Index Testar., pl. XLV, fig B, B.
1758. *Fransche Belhoorn*   SEBA, Thesaurus, p. 169, pl. LXXI, fig. 1, 9.
1820. *Achatina marginata*   SWAINSON, Zoolog. Illustr., I, pl. XXX.
1822. *Helix Amphora*   FÉRUSSAC, Prodr., p. 54, n° 252, et p. 74
                              (= *A. marginata* Sw.)

1828. *Achatina marginata* Sw. SOWERBY, Catal. vente du 4 juin, p. 4.

1828.   —   —   —   SOWERBY, Catal. vente du 6 juin, p. 20.

1828.   —   —   —   SOWERBY, Catal. vente du 7 juin, p. 23.

1831. *Helix*   —   —   RANG, Ann. des Sc. Nat., XXIV, p. 33.

1837. *Achatina*   —   —   BECK, Index Mus. Christ. Frederici, p. 75,
                              n° 2.

1837.   —   *amphora* Fér. BECK, Ibid., p. 75, n° 3.

1839.   —   —   —   JAY, Catal. p. 58.

1839.   —   *marginata* Sw. JAY, Catal., p. 58.

1840.   —   —   SWAINSON, Treatise on Malacology, p. 170,
                              fig. 23.

1845.   —   —   CATLOW et REEVE, Conch. Nomencl., p. 165.

1848.   —   —   Sw. PFEIFFER, Mon. Helic. viv., II, p. 249.

1850.   —   —   —   ALBERS, Die Heliceen, p. 190.

1852.   —   —   —   MÖRCH, Catal. Yoldi, I, p. 20.

1852.   —   —   —   JAY, Catal. of Sh. 4th edit., p. 220 = *amphora*
                              FÉR. var.

1855.   —   —   —   H. et A. ADAMS, Gen. of rec. Moll., II, p. 132.

1856.   —   —   —   PFEIFFER, Conch. Cab. 2e édit., p. 328,
                              pl. XXIX, fig. 1.

1858.   —   —   —   MORELET, Séries Conch., I, p. 19 (Gabon).

1860.   —   —   —   ALBERS, Die Heliceen, édit. v. Martens,
                              p. 201 (Guinée).

1861.   —   —   —   BROWN, Catal. collect. A. D. Brown, p. 55.

1863.   —   —   —   MÖRCH, Catal. Lassen, p. 4.

1865.   —   —   —   MARRAT, Catal. Collect. Dennison, p. 30.

1865.   —   —   —   BIELZ, Catal. Collect. Bielz, p. 23.

1868.   —   —   —   PFEIFFER, Mon. Helic. viv., VI, p. 212.

1868. *Achatina marginata* Sw. MORELET, Voyage Welwitsch, p. 65 (bords du Niger).

1868. — — — VON MARTENS, Malakoz. Blätter, p. 137.

1868. — — — HAINES, Catal. Collect. W. A. Haines, p. 68.

1874. *Achatina (Achatina) marginata* Sw. SEMPER, Reisen im Archipel der Philippinen, p. 144 (anatomie).

1876. *Achatina marginata* Sw. VON MARTENS, Jahrb. Akad. Berl., p. 257, pl. II, fig. 1.

1876. — — ROETERS VAN LENNEP, Catal. Collect., p. 53.

1876. — — Sw. VON MARTENS, Die von Prof. Buchholtz in Westafr. ges. Moll., Monatsber. K. Acad. d. Wissensch. zu Berlin, p. 257, pl. II, fig. 1 (Victoria : Caméroun).

1878. — — — G. NEVILL, Hand List Moll. Indian Museum, I, p. 145.

1878. — *Marginata* G. R. BATALHA, Catal. Collect. F. R. Batalha, p. 2.

1881. — *marginata* Sw. PFEIFFER, Nomencl. Helic. viv., p. 264.

1882. — — — VON MARTENS, Jahrb. d. D. Malak. Ges., p. 245 (Loango).

1884. — — — GRASSET, Index Test. viv., p. 199.

1888. — — — VIGNON, Bull. Soc. Malac. Fr., V, p. 68 (Gabon).

1888. — *Paivana* (Mor.) VIGNON, Bull. Soc. Malac. Fr., V, p. 71 (Grand Bassam) = *marginata* Sw., teste Ancey (note).

1888. — *marginata* (Lk) ANCEY, Catal. Moll., Afr. Occ., réc. par Vignon, Bull. Soc Malac. Fr., p. 68.

1888. — — Sw. MARTORELL., Catal. Mus. Martorell, p. 56.

1889. *Achatina (Achatina) marginata* Sw. PAETEL, Catal. Conch. Samml. II, p. 240.

1890. *Achatina marginata* Sw. RÖMER, Catal. Conch. Samml., Mus. Wiesbaden, p. 123.

1891. — — — VON MARTENS, Sitzungsb. Nat. Freunde, pp. 30, 33.

1896. — — — D'AILLY, Contrib Moll. Kaméroun, pp. 60, 69, fig. (radula).

1904. *Achatina marginata* Sw. PILSBRY, Manual of Conch. XVII, p. 109,
         pl. XXIV, fig. 33, 23; pl. 26, fig. 26.

1905 — — — O. BÖTTGER, Nachrichtsbl. d. D., Malak.
         Ges., p. 165.

1907. — — — GERMAIN, Moll. terr. et fluv. Afr. centr.
         franç., p. 464, 487.

1910. — — — HIDALGO, Mol. de la Guinea española *in*
         Mem. R. Soc. Esp. de Hist. Nat., p. 508.

1911. *Achatina* (*Archachatina*)
   marginata Sw.   GERMAIN, Bull. du Mus. d'Hist. Nat.,
         p. 224.

Var. **gracilior** VON MARTENS.

1685. *Buccinum variegatum tenue* LISTER, Hist. Conch., pl. DLXXIX,
         fig. 34 (Jamaïque).

1770. —   — — LISTER, Hist. Conch., édit. Huddesford,
         pl. DLXXIX, fig. 34.

1770. *Bulla achatina*   HUDDESFORD *in* LISTER (non Linné),
         Hist. Conch., Index, II, p. 38.

1827. — — var. *mar-*
     ginata   DONOVAN, Naturalists Repository, V.
         pl. CXLIX.

1849. *Achatina marginata* REEVE, Conch. Icon., pl. IV, fig. 14.

1849. — *suturalis* PHILIPPI (non Pfeiffer 1848), Abbild.,
         III, p. 29, pl. II, fig. 1.

1860. — *marginata* Sw.
    var. *gracilior* VON MARTENS *in* ALBERS, die Heliceen,
         2ᵉ Ausgabe, pp. 201, 203 (Axim : Afrique
         Australe.

1889. *Achatina* (*Achatina*) *margi-*
 nata Sw. var. *gracilior* v. Mart. PÆTEL, Catal. Conch. Samml., II, p. 240.

1896. *Achatina marginata* Sw.
   var. *gracilior* v. Mart. D'AILLY, Contrib. Moll. Kaméroun, p. 61.

1904. *Achatina marginata* Sw.
   var. *subsuturalis* PILSBRY, Man. of Conch., XVII, p. 111,
         pl. XXV, fig. 25.

1905. *Achatina marginata* Sw.
   var. *gracilior* v. Mart. O. BÖTTGER, Nachrichtsbl. d. D. Malak.
         Ges., p. 165.

D'après la description de von Martens, sa variété *gracilior* est certainement une forme allongée de la variété à columelle rouge et à sommet de la spire teinté de rouge qui a été séparée en 1849 par Philippi, de l'*A. marginata*, sous le nom d'*Achatina suturalis*. Mais le nom *suturalis* ayant été employé antérieurement par Pfeiffer, en 1848, pour une espèce différente du même genre, ne peut subsister. La substitution proposée par M. Pilsbry, de var. *subsuturalis* à *suturalis* Philippi (non Pfeiffer), devient donc inutile.

Var. **Fourneaui** Germain (emend.).

1908. *Achatina (Archachatina) marginata* Sw. var. *Fourneaui* Germain, Nouv. Arch. des Missions scient. et litt, XVI, p. 158 (sans description).

1911. *Achatina (Archachatina) marginata* Sw. var. *Fourneauxi* Germain, Bull. du Muséum, pp. 224-225, fig. 50 (Congo français).

Cette variété se distingue de l'*A. marginata* typique par son test mince, léger, translucide Sa columelle est blanche, mais les premiers tours de sa spire sont rougeâtres.

Nous avons dû corriger le nom de cette variété, dédiée à M. Fourneau.

Var. **egregia** nov. var.

(Pl. VI, fig. 3.)

Habitat. — Yaoundé, à 750 mètres d'altitude. (5 exemplaires.)

Par sa forme, cette variété se rapproche de l'*A. marginata* typique, mais ses tours sont plus convexes et le dernier est plus renflé dans sa partie supérieure. Sa sculpture microscopique est moins fine, plus nettement granuleuse. C'est surtout par sa coloration que la variété *egregia* est remarquable : la columelle est d'un rouge carmin vif et les premiers tours sont rougeâtres. La spire et la moitié supérieure du dernier tour sont flammulées de brun foncé qui se détache sur le fond blanc recouvert d'un épiderme jaune d'or. La moitié inférieure du dernier tour est nettement séparée de sa partie supérieure par une large bande noire qui descend jusqu'à une petite distance de la base, où elle borde une région blanche, entourant la columelle.

Chez la variété *gracilior*, la columelle est rouge et le sommet de la spire rougeâtre, comme chez notre variété *egregia*, mais il n'y a pas de bande foncée sur le dernier tour et les flammules longitudinales brunes descendent jusqu'à la base.

Il y a quelques années, M. CHAPER nous a rapporté de son voyage à Assinie de nombreux exemplaires d'*A. marginata* chez lesquels la moitié inférieure du dernier tour est plus foncée que sa moitié supérieure, mais cette teinte n'est pas très foncée, ne masque pas les flammules brunes qui la traversent et elle se prolonge jusqu'à la base de la coquille.

Achatina (Archachatina) papyracea PFEIFFER.

1845.	*Achatina papyracea*		PFEIFFER, Proc. Zool. Soc. Lond., p. 74, (Bancs de la Rivière Nun.).
1848.	—	—	PFEIFFER. Mon. Helic. viv., II, p. 254.
1849.	—	—	Pfr. REEVE, Conch. Icon, pl. II, fig. 6.
1868.	—	—	— MORELET, Voyage Welwitsch, p. 66 (rives du Niger).
1884.	—	—	— GRASSET, Index Test. viv., p. 199.
1888.	—	—	— ANCEY, Catal. Moll. Afr. Occ. réc. par Vignon, Bull. Soc. Malac. France, p. 71.
1889.	—	—	— PÆTEL, Catal. Conch., Samml., II, p. 240.
1904.	*Archachatina* —		— PILSBRY. Man. of Conch., XVII, p. 117, pl. XLIV, fig. 1, pl. XXIII, fig. 17-18.

Lá forme typique de cette espèce n'est pas représentée dans les récoltes de M. Fourneau. Tous les exemplaires envoyés appartiennent à la variété suivante :

Var. **Adelinæ** Pilsbry.

1904. *Archachatina papyracea* Pfr. var. *Adelinae* Pilsbry, Man. of Conch., XVII, p. 117, pl. XLIV, fig. 1, pl. XXIII, fig. 17-18.

Habitat. — Yaoundé, à 750 mètres d'altitude. (3 exemplaires.)

Cette variété ressemble beaucoup par sa coloration à notre var. *egregia* de l'*A. marginata :* les tours supérieurs et la columelle sont rouges, les flammules longitudinales sont les mêmes et confluent partiellement sur la moitié inférieure du dernier tour, mais se prolongent jusqu'à la base de la coquille. Le test est plus mince, la forme est plus allongée et la sculpture consiste en une réticulation bien nette sur les avant-derniers tours et ne présente, sur la moitié inférieure du dernier tour, que des stries décurrentes irrégulières.

Achatina (Archachatina) camerunensis d'Ailly.

1896. *Achatina Camerunensis* d'Ailly, Contrib. Moll. terr. et d'eau douce du Kaméroun, p. 64., pl. III, fig. 1-4.
1904. *Archachatina Camerunensis* d'Ailly Pilsbry, Manual of Conch., XVII, p. 119, pl. XXIII, fig. 13-16.
1905. *Achatina Camerunensis* O. Böttger, Nachrichtsbl. d.D. Malak. Ges., p. 169.

Habitat. — Yaoundé, à 750 mètres d'altitude. (4 exemplaires.)

D'après M. d'Ailly, c'est avec l'*A. varicosa* Pfeiffer, du Cap de Bonne-Espérance, que cette espèce a le plus d'analogie. Sa forme générale et sa coloration sont, en effet, à peu près les mêmes, mais la columelle, qui est presque verticale chez l'*A. Came-*

runensis, est, au contraire, fortement arquée chez l'*A. varicosa*.
De plus, la surface treillissée, qui n'occupe chez l'*A. varicosa*
qu'une zone subsuturale étroite, s'étend chez l'espèce du Caméroun jusqu'à la base de la coquille en s'atténuant toutefois graduellement à partir de la périphérie du dernier tour.

Callistopepla Barriana SOWERBY.

1889. *Achatina barriana*		SOWERBY, Descr. new. sp. of Land-shells, Proc. Zool. Soc. of London, p. 579, pl. LVI, fig. 2.
1891. — —	Sow.	VON MARTENS, Sitzungsber. Ges. Naturf. Freunde, p. 30.
1896. *Ganomidos Barrianum*	—	D'AILLY, Moll. terr. et d'eau douce du Kaméroun, p. 70, pl. III, fig. 5-9.
1904. *Callistopepla barriana*	—	PILSBRY, Manual of Conch., XVII, p. 127, pl. XLVII, fig. 14-17.
1905. *Ganomidos barrianum*	—	O. BÖTTGER, Nachrichtsbl. d. D. Malak. Ges., p. 170.

HABITAT. — Caméroun, sans indication de localité. (34 exemplaires.)

Les taches et flammules brunes varient beaucoup d'intensité chez
cette espèce.

Limicolaria numidica REEVE.

1848. *Bulimus Numidicus*		REEVE, Conch. Icon., pl. LIII, fig. 351.
1852. — —	Reeve	JAY, Catal. of Shells, 4th edit., p. 203.
1853. — —	—	PFEIFFER, Mon. Helic. viv., III, p. 386 (île du Prince, Sennaar).
1855. *Limicolaria Numidica*	—	H. et A. ADAMS, Gen. of rec. Moll., II, p. 133.
1856. — —	—	SHUTTLEWORTH, Notitiæ Malac., p. 44 (île du Prince, Niger, Gabon, Sénégal, Fernando-Po).

1858. *Bulimus flammeus*   Morelet (non Müller), Séries Conch., I, p. 17 (Gabon).

1859. *Limicolaria Numidica* Reeve   Pfeiffer, Mon. Hel. viv., IV, p. 583.

1860. *Achatina (Limicolaria) numidica* Reeve   Albers, Die Heliceen, édit. v. Martens, p. 197.

1861. *Limicolaria Numidica* Reeve   Brown, Catal. Collect. A. D. Brown, p. 53.

1865. *Achatina numidica*   —   Bielz, Catal. Collect. Bielz, p. 23.

1866.   —   *(Limicolaria) Numidica* Reeve   von Martens, Malakoz. Blätter, XIII, p. 105, pl. IV, fig. 5-8 (Guinée).

1868. *Limicolaria Numidica* Reeve   Haines, Catal. collect. W. A. Haines, p. 65 (île du Prince).

1874?   —   *flammea* Müll. var. *numidica* Reeve   Jickeli, Moll. N. O. Afr., p. 159.

1876. *Limicolaria numidica* Reeve   Roeters van Lennep, Catal, collect., p. 51.

1877.   —   *flammata*   —   Pfeiffer (non Cailliaud), Mon. Hel. viv., VIII, p. 269 (= *Numidica* Rve), Sennaar, Gabon.

1878. *Achatina (Limicolaria) numidica* Reeve   G. Nevill, Hand. List. Moll. Indian Mus., I, p. 146.

1881. *Limicolaria flammata*   Pfeiffer (non Cailliaud), Nomencl. Helic. viv., p. 262.

1884. *Limicolaria Numidica* Reeve   Grasset, Index Test. viv., p. 200 (Gabon).

1888. *Bulimus numidicus*   —   Vignon, Bull. Soc. Malac. Fr., V., p. 67 (Gabon).

1888.   —   —   —   Ancey, Catal. Moll. Afr. Occid. rec. par Vignon, Bull. Soc. Malac. Fr. p. 67.

1889. *Limicolaria Adansoni* Pfr. var. *Numidica* Reeve   Pætel, Catal. Conch. Samml., II, p. 237.

1890 *Limicolaria Numidica* Reeve   Römer, Catal. Conch. Samml. Mus. Wiesbaden, p. 123.

1893. *Limicolaria numidica* Reeve STEARNS, West. Afr. Moll., Proc. U. S. Nat. Mus., XVI, p. 327.

1894. — — — KOBELT, Conch. Cab., 2ᵉ édit., p. 75, pl. XII, fig. 7-8; pl. XXV, fig. 3-8 (excl. synon. *flammulata* CAILLIAUD).

1896. — — — D'AILLY, Moll. terr. et d'eau douce du Kaméroun, p. 75.

1904. — — — PILSBRY, Manual of Conch. XVI, p. 260, pl. XIX, fig. 1-3.

1905. — — — O. BÖTTGER, Nachrichtsbl. d. D. Malak. Ges., p. 171.

1910. — — — HIDALGO, Moll. de la Guinea española, Mem. R. Soc. Esp. de Hist. Nat., p. 510.

1911. — — — GERMAIN, Bull. du Mus. d'Hist. Nat., p. 235 (frontière française de Libéria).

1912. — — — GERMAIN, Ibid. XXXII, p. 5 (Konakry).

1912. — — — GERMAIN, Moll. Guinée Portug. et île du Prince, p. 365.

HABITAT. — Yaoundé. (Nombreux exemplaires.)

Le type représenté par REEVE est plus grand que les spécimens figurés par VON MARTENS et KOBELT. Les coquilles envoyées par M. FOURNEAU concordent sous tous les rapports avec ces dernières figures. La description très détaillée donnée par M. D'AILLY leur convient aussi complètement.

La forme du *L. numidica* varie comme celle de la plupart des autres *Limicolaria* et on peut distinguer sous le nom de var. *elongata* les spécimens sensiblement plus allongés et plus étroits que la forme typique.

La sculpture n'est pas constante, les stries décurrentes étant bien visibles sous la loupe chez certains individus et l'étant à peine chez d'autres. La suture est tantôt simplement crénelée par l'extrémité des plis d'accroissement, tantôt accompagnée d'un filet très étroit. Enfin, la columelle, qui est habituellement droite, présente parfois une torsion plus ou moins accusée.

Les différences de coloration ont fourni l'occasion à M. D'AILLY d'établir les deux variétés suivantes que nous avons aussi rencontrées parmi les échantillons de M. FOURNEAU :

Var. ex col. 1 : *pallide rufo-picta* D'AILLY. Ornée de flammules d'un fauve rougeâtre clair.

Var. ex col. 2 : *unicolor-pallida* D'AILLY. D'une teinte jaune pâle sans aucune trace de flammules.

PFEIFFER a cité en 1853 le *L. flammata* CAILLIAUD (*Helix agatine flammata* : Voyage à Méroé, t. IV, p. 265, pl. LX, fig. 5), comme synonyme de *L. numidica*. En 1859, il n'a maintenu cette assimilation qu'avec doute; mais en 1877 et 1881, il l'a de nouveau rétablie comme certaine.

M. KOBELT, dans le Conchylien Cabinet, l'a aussi fait figurer dans la synonymie du *L. numidica*; mais il s'agit là, en réalité, d'une espèce bien différente, plus grande, à flammules non divisées sur le haut des tours, et M. PILSBRY a eu raison de la considérer comme distincte, en lui donnant pour synonyme le *L. sennaariensis* (PARREYSS) SHUTTLEWORTH (Journ. of Conch., XVI, p. 282).

POTIEZ et MICHAUD (Galerie de Douai, I, p. 145) ont regardé l'*A. flammata* de CAILLIAUD comme une variété du *B. Kambeul* ADANSON!

PÆTEL a rapporté le *L. numidica* au *L. Adansoni* PFEIFFER, à titre de variété, ce qui est une erreur, car le vrai *L. Adansoni* est une variété du *L. Kambeul* (ADANSON) BRUGUIÈRE.

A. MORELET, dans ses Séries Conchyliologiques, a cité le *Bulimus numidicus* REEVE dans la synonymie de l'*Helix flammea* MÜLLER; mais l'*H. flammea* de MÜLLER est une espèce bien douteuse qui a pour référence le *Kambeul* D'ADANSON, et M. PILSBRY (Man. of Conch., XVI, p. 255), tout en la citant comme spéciale, avoue que cette espèce de MÜLLER reste à élucider.

On voit par ces quelques exemples la grande confusion qui règne dans l'interprétation des différents noms qui ont été attribués à des *Limicolaria* de l'Afrique Occidentale. Ce n'est que lorsqu'on aura réuni de nombreuses séries que l'on pourra entreprendre de les classer définitivement.

Limicolaria tenebrica REEVE.

1848. *Bulimus tenebricus*   REEVE, Conch. Icon., pl. LIII, fig. 347.

1853.   —   —   Reeve   PFEIFFER, Mon. Helic. viv., III, p. 387.

1857.   —   *Tenebricus*   —   GRÜNER, Catal. Collect. Grüner, p. 24,

1858. *Limicolaria tenebrica*   —   H. et A. ADAMS, Gen. of. rec. Moll., II. p. 133.

1859   —   —   —   PFEIFFER, Mon. Helic. viv., IV, p. 585 (Grand Bassam).

1860. *Achatina (Limicolaria) tene-
brica* Reeve   ALBERS, Die Heliceen, édit. v. Martens, p. 198.

1864. *Limicolaria tenebrica* Reeve DOHRN, Shells collected by Capt. Speke in Central Africa, Pr. Zool. Soc. of Lond., p. 116 (Uganda).

1866.   —   —   —   H. ADAMS, Sh. collect. in Centr. Afr. by Samuel Baker, Pr. Zool. Soc. of Lond., p. 375.

1878,   —   —   —   SHUTTLEWORTH, Notitiæ Malac., I., p. 50.

1878.   —   —   —   PFEIFFER, Nomencl. Helic. viv., p. 263.

1889.   —   —   —   PÆTEL, Catal. Conch. Samml., II., p. 238.

1895.   —   —   —   KOBELT, Conch. Cab., 2e édit., p. 66, pl. XX., fig. 7-8 (?)

1896.   —   —   —   D'AILLY, Moll. terr. et d'eau douce du Kaméroun, p. 74.

1904.   —   —   —   PILSBRY, Manual of Conch., XVI, p. 264, pl. XIX, fig. 8-10 (Ibu, Kaméroun, Grand Bassam).

1905.   —   —   —   O. BÖTTGER, Nachrichtsbl. d. D. Malak. Ges., p. 171.

1906   —   —   —   PRESTON, Proc. Malak. Soc., VII., p. 90 (Uganda).

HABITAT. — Caméroun. (3 exemplaires.)

Limicolaria sp.

(Pl. VI, fig. 4, 5.)

Nous avons reçu de M. FOURNEAU de nombreux exemplaires d'une petite espèce de *Limicolaria* qu'il ne nous a pas été possible d'identifier. En présence de l'incertitude qui existe déjà parmi les *Limicolaria* de l'Afrique Occidentale, nous n'avons pu nous décider à la décrire comme nouvelle, dans la crainte d'augmenter encore la confusion. C'est du *L. rectistrigata* SMITH, de la région du lac Tanganika, que cette espèce se rapproche le plus, tant par sa forme allongée que par sa sculpture décurrente très peu accusée et visible seulement sous la loupe.

Aucun de nos spécimens n'atteint toutefois la taille des grands individus du *rectistrigata,* mais lorsqu'on compare à celles du Caméroun des coquilles de même taille des environs du lac Tanganika, on en rencontre qui paraissent réellement identiques.

Le *L. Martensiana* SMITH, qui se relie d'ailleurs intimement au *rectistrigata,* peut aussi être rapproché de ceux de nos exemplaires du Caméroun qui sont ornés de flammules larges, plus ou moins disposées en zigzags.

Le *L. luculana* PILSBRY (== *Bulimus jaspideus* MORELET 1886, non *B. jaspideus* MORELET 1863) est plus grand, plus fragile que la forme du Caméroun et nous n'avons pu découvrir chez cette espèce aucune trace de sculpture décurrente.

HABITAT. — Caméroun français.

Pseudachatina Dennisoni PFEIFFER.

1848. *Bulimus Downesii* var.	REEVE (non Sowerby) Conch. Icon , pl. XXIX, fig. 177[b] (île du Prince).
1856. *Pseudachatina Dennisoni*	PFEIFFER, Malak. Blätter, p. 257 (Gabon).
1859. — —	PFEIFFER, Mon. Helic. viv., IV, p. 597.

1868. *Pseudachatina Dennisoni* Pfr. HAINES, Catal. collect. Haines, p. 66.

1881.   —   —   — PFEIFFER, Nomencl. Helic. viv., p. 266.

1884.   —   —   — GRASSET, Index Test. viv., p. 200.

1889.   —   —   — PÆTEL, Catal. Conch. Samml., II, p. 241.

1896.   —   —   — D'AILLY, Moll. terr. et d'eau douce du Kaméroun, p. 92, pl. III, fig. 1-3 et var. *connectens*.

1904.   —   —   — PILSBRY, Manual of Conch., XVI, p. 211, pl. VII, fig. 40 et var. *connectens* d'Ailly.

1905   —   *dennisoni* — O. BÖTTGER, Nachrichtsbl. d. D. Malak. Ges., p. 174 (Kaméroun, Gabon.)

HABITAT. — Yaoundé, à 750 mètres d'altitude. (1 exemplaire.)

Pseudachatina Sodeni (KOBELT) D'AILLY.

1848. *Bulimus Downesii*   REEVE (non Gray), Conch. Icon., pl. XXIX, fig. 177ᵃ.

1876. *Pseudachatina Downesii*   VON MARTENS (non Gray), Monatsber. Berl. Akad., p. 259, pl. II, fig. 3. (excl. synon. plur.)

1892.   —   *downesii*   KOBELT (non Gray), Conch. Cab., 2ᵉ édit., p. 16, pl. A, fig. 1.

1892.   —   *Downesii* var. *Sodeni*   KOBELT, Conch. Cab., 2ᵉ édit., p. 16, pl. VIII, fig. 1.

1896.   —   *Sodeni* (Kob.)   D'AILLY, Moll. terr. et d'eau douce du Kaméroun, p. 90, pl. IV, fig. 6.

1904.   —   —   — PILSBRY, Manual of Conch., XVI, p. 209, pl. IV, fig. 18-19.

1905.   —   —   — O. BÖTTGER, Nachrichtsbl. d. D. Malak. Ges., p. 174.

HABITAT. — Caméroun, sans indication de localité. (1 exemplaire adulte et 1 jeune.) — Yaoundé, à 750 mètres d'altitude. (4 exemplaires adultes.)

Siphonaria mouret (ADANSON) SOWERBY.

1757.	*Lepas Mouret*		ADANSON. voyage au Sénégal, p, 34, pl. II, fig. 5.
1790.	*Patella grisea*		GMELIN, Syst. Nat. édit. XIII, p. 3727.
1825.	*Siphonaria Mouret* Ad.		SOWERBY, Catal. Tankerville, p. 32.
1830.	—	*algesiræ*	QUOY et GAIMARD, Voyage de l' « Astrolabe », II, p. 338, pl. XXV, fig. 23-25.
1836.	—	*Algesiræ* Quoy	DESHAYES *in* LAMARCK, Anim. sans vert., 2ᵉ édit., VII, p. 559.
1839.	—	— —	JAY, Catal. of Shells, r. 39.
1839.	—	*algesiræ* —	ANTON, Verzeichniss, p. 26.
1845.	—	*Algesiræ* —	CATLOW et REEVE, Conchol. Nomencl., p. 100.
1850.	—	*Algesira* —	E. M. GRAY, Figures of Moll. Anim., IV., p. 15, pl. LXXVI, fig. 2.
1852.	—	— —	JAY, Catal. of Shells, 4ᵗʰ edit., p. 104, (Gibraltar).
1853.	—	*Mouret* Adans.	MENKE, Conch. von Sᵗ-Vincent, Zeitschr. für Malakoz., p. 68.
1853.	—	— —	DUNKER. Index Moll. Guinea, p. 4, (obs.).
1854??	—	*Concinna*	MAC ANDREW, Geogr. distr. test. Moll. N. Atlantic, p. 24 (Mogador).
1856.	—	*Algesira* Quoy	MAC ANDREW, Rep. mar. test. Moll. N. Atl. etc., Rep Brit. Ass. f. Adv. of Sc., p. 117, 146.
1857.	—	*Algesiræ* —	GRÜNER, Catal. collect. Grüner, p. 14.
1858.	—	— . —	HANLEY, On Siphonaria, Proc. Zool. Soc. of Lond., p. 151
1862.	—	*striato-punctata*	WEINKAUFF, Journ. de Conchyl., X, p. 334 (non Dkr., teste ipso).
1866.	—	*Algesiræ* Quoy	WEINKAUFF. Catal. Algérie, suppl. *in* Journ. de Conch., XIV, p. 237.
1868.	—	— —	WEINKAUFF, Conchyl. des Mittelm., II, p. 174.
1869	—	— —	PETIT DE LA SAUSSAYE, Catal. test. mar. p. 92.

1873. *Siphonaria algesiræ* Quoy Weinkauff, Catal. europ. Meeresconch.,
       p. 37.

1883 — *Algesiræ* — P. Fischer, Manuel de Conch., p. 514.

1884. — *Algesiræ* — Grasset, Ind. Test. viv., p. 236.

1884. — *Algesiræ* — Nobre, Moll. mar. do Noroeste de Por-
       tugal, p. 26.

1884. —   —   Nobre, Catal. Moll. obs. dans le Sud-
       Ouest. pp. 14, 24, 26,

1887. —   —   Nobre, Contrib. Malac. Portugueza, Ann.
       de Sc. Nat., p. 136.

1888. —   —   Kobelt, Prodr. Faunae Moll. test. maria
       europ. inh., p. 272.

1888. — *grisea* Gmelin Schepman, Zool. res. in Liberia, Note
       XXIII of the Leyden Museum, p. 251.

1888. — *algesiræ* Quoy Norman. Mus. Normanianum, p. 6.

1888. — *algesiræ* — Martorell, Catal. Mus. Martorell, p. 64.

1889. — *algesiræ* — Monterosato, Coq. mar. Maroc, Journ.
       de Conch., XXXVII. p. 119.

1890. —   —   Dautzenberg, Récoltes Culliéret, Mém.
       Soc. Zool. Fr., p. 164.

1891. —   —   Dautzenberg, Voyage de la « Mélita »,
       Mém. Soc. Zool. Fr., p. 25 (Dakar).

1897. — *Algesiræ* — Richard et Neuville, Sur l'hist. de
       l'île d'Alboran, Mém. Soc. Zool. Fr.,
       p. 84.

1898. — *algesiræ* — Locard, Exp. « Travailleur » et «Talis-
       man », II, p. 98 (Mogador).

1899. —   —   Sowerby et Fulton, Catal. of mar.
       Gastrop., p. 48.

1909. — *Algesiræ* — Hidalgo, Enum. Mol. rec. per la Co-
       mision exp. de Maruecos, Bol. Real
       Soc. Esp. de Hist. Nat., p. 213 (Melilla).

1909. — *algesiræ* — Couffon et Surrault, Catal. Collect.
       Letourneux, p. 41.

1910. —   —   Dautzenberg, Contrib. Faune Afr.
       Occ., I, p. 9.

1911. — *Algesiræ* — Hidalgo, Mol. mar. de Cadiz, p. 6.

1912. —   —   Pallary, Catal. Moll. litt. égyptien,
       Mém. Inst. Egyptien, p. 76.

1912. *Siphonaria algesiræ* Quoy DAUTZENBERG, Mission Gruvel, p. 3.
1914 — — — TOMLIN et SHACKLEFORD, Mar. Moll. of S. Thomé, Journ. of Conch., XIV, p. 240.
1917. — *Algesiræ* — DAUTZENBERG, Liste Moll. mar. rec. par G. Lecointre sur le litt. occ. du Maroc, Journ. de Conch., LXIII, p. 65.

M. FOURNEAU n'a pas récolté la forme typique de cette espèce, à laquelle il y a lieu de restituer le nom spécifique *Mouret,* puisqu'il s'agit d'un nom d'ADANSON confirmé par SOWERBY avant la création du *S. algesiræ* par QUOY et GAIMARD.

Var. **striato-costata** DUNKER.

1846. *Siphonaria striato-costata* DUNKER, Zeitsch. für Malakoz.,p. 24
1853. — — DUNKER, Index Moll. Guinea, p. 3, pl. I, fig. 1-6.
1856. — *venosa* REEVE, Conch. Icon., pl. III,fig. 10^a, 10^b.
1856. — *palpebrum* REEVE, Ibid., pl. IV, fig. 18^a, 18^b. (Lisbonne).
1858. — *striato-costata* Dkr. HANLEY, On Siphonaria, Proc. Zool. Soc. of Lond., p. 153 (Guinée).
1871. — *venosa* Reeve E.-A. SMITH, List of Sp. from W. Africa, Proc. Zool. Soc. of Lond., p. 738 (Wydah).
1876. — *palpebrum* Reeve HIGGINS, Moll. « Argo » Exped., Rep. Liverpool Mus., p. 14 (Point Savanilla).
1884. — *venosa* — GRASSET. Index Test. viv., p. 237.
1887. — *striato-costata* Dkr. NOBRE, Rem. Faune Malac. mar. Afr. Occid., p. 11.
1887. — — — NOBRE, Expl. Sc. da ilha de San Thomé, p. 10.
1894. — *venosa* Reeve. NOBRE, Sur la Faune Malac. de San Thomé et de Madère *in* Ann. de Sc. Nat., p. 92.

1899. *Siphonaria striato-costata* Dkr. SOWERBY et FULTON, Catal. of mar. Gastrop., p. 48.

1903. — *algesiræ* Quoy FONT Y SAGUÉ, Mol. recog. *in* Rio de Oro, Bol. Soc. R. Esp. de Hist. Nat., p. 209 (teste Hidalgo).

1910. — *striato-costata* Dkr. HIDALGO, Mol. de la Guinea española, Mem. R. Soc. Esp. de Hist. Nat., p. 110.

HABITAT. — Duala. (2 exemplaires.)

Yetus (Cymba) patulus BRODERIP.

1830. *Cymba patula* BRODERIP, Spec. Conch., p. 5, pl. IVe, fig. 4^b; pl. VIII^c, fig. 4^b.

1845. — — Brod. CATLOW et REEVE, Conch. Nomencl., p. 307.

1847. — — — SOWERBY, Thes. Conch., I, p 408, pl. LXXIX, fig. 7.

1857. *Yetus Neptuni*, var. *patula* Brod. GRAY, Syst. Arrang. of Moll., p. 32.

1868. *Cymba patula* Brod. T. G. PONTON, On certain spec. of Melo and Cymba, Proc. Zool, Soc. of Lond., p. 375.

1876. *Cymbium patulum* Brod. ROETERS VAN LENNEP, Catal. Collect., p. 37.

1882. — *Neptuni* TRYON (ex parte, non Gmelin), Manual of Conch., IV, p. 80, pl. XXII, fig. 11.

1887. *Voluta (Cymbium) patula* Brod. PÆTEL, Catal. Conch. Samml., I, p. 170.

1899. *Yetus patulus* Brod. SOWERBY et FULTON, Catal. of mar. Gastrop., p. 14.

HABITAT. — Duala, Caméroun. (4 exemplaires.)

TRYON a confondu le *Y. patulus* avec le *Y. Neptuni* GMELIN, ce qui n'est pas admissible, car il s'agit de deux espèces tout à fait différentes. Le *Y. patulus* a l'embryon bien moins volumineux que le *Neptuni;* son dernier tour est rétréci vers le haut et renflé au milieu, tandis que celui du *Neptuni* est régulièrement convexe. De plus, la crête qui entoure le sommet débute au commencement du dernier tour chez le *patulus*, tandis que chez le *Neptuni*, elle ne prend naissance qu'au milieu. C'est plutôt avec le *Y. proboscidalis* qu'il faudrait chercher une analogie, mais le *patulus* est bien moins allongé et ses plis columellaires sont moins obliques.

Le *Y. patulus* n'a été mentionné ni par KIENER, ni par KÜSTER.

Yetus (Cymba) proboscidalis LAMARCK.

Concha natatilis altera magna	FABIUS COLUMNA.
1685. *Buccinum persicum subfuscum*, etc.	LISTER, Hist. Conch., pl. DCCC, fig. 7.
1758. *Voluta cymbium*	LINNÉ (ex parte), Syst. Nat. edit. X, p. 733.
1764. — —	LINNÉ (ex parte), Mus. Lud. Ulr., p. 599.
1767. — *Cymbium*	LINNÉ (ex parte), Syst. Nat. edit. XII, p. 1196.
1797.	ENCYCL. MÉTHOD., pl. CCCLXXXIX, fig. 2.
1802. — *cymbium*	BOSC (ex parte), Hist. Nat. Coq., V, p. 65.
— *proboscidalis*	LAMARCK, Annales du Mus., XVII, p. 60.
1822. — —	LAMARCK, Anim. sans vert., VII, p. 333.
1824. — (*Cymbiola*) *proboscidalis* Lamk.	DUBOIS, Epitome of Lamarck's Arrang., p. 277.
1825. *Voluta* (*Cymbiola*) *proboscidalis* Lamk.	DUBOIS, Ibid., p. 277.
1828. *Cymba proboscidea* Lamk.	SOWERBY, Catal. vente du 1er mai, p. 15.
1828. — *proboscidalis* Lamk.	SOWERBY, Catal. vente du 5 juin, p. 11.

1829. *Voluta proboscidalis* Lamk. BLAINVILLE, Dict. des Sc. Nat., LVIII,
        p. 473.

1830. *Cymba* — — BRODERIP, Spec. Conch., p. 5, fig. 5^a,
        5^b, 5^c, 5^d.

1830. — — — SOWERBY, Genera of Sh., II, fig. 3.

1832. *Voluta* — — DESHAYES, Encycl. Méthod., III,
        p. 1138.

1838. — — — KIENER, Icon. Coq. viv., p. 15, pl. XI.

1838. *Cymbium proboscidale* — POTIEZ et MICHAUD, Galerie de
        Douai, I, p. 497.

1839. *Voluta proboscidalis* — JAY, Catal. of Shells, p. 92.

1839. *Voluta (Cymbium) proboscida-*
        lis Lamk. ANTON, Verzeichniss, p. 69.

1840. *Voluta proboscidalis* Lamk. D'ORBIGNY, Voyage aux îles Canaries,
        p. 86.

1841. *Cymbium proboscidalis* Lamk. KÜSTER, Conch. Cab., 2e édit., p. 220,
        pl. IL, fig. 1-2; pl. XXXI, fig. 11-12.

1844. *Voluta proboscidalis.* LAMARCK, Anim. sans vert., édit.
        Deshayes, X, p. 382.

1845. *Cymba* — Lamk. CATLOW et REEVE, Conch. Nomencl.,
        p. 307.

1852. — — — JAY, Catal. of Shells, 4th edit., p. 386.

1851-56. — — — WOODWARD, A Manual of the Moll.,
        p. 119, pl. VII, fig. 12 et figure de
        texte 74.

1854. — — — MAC ANDREW, Geogr. distrib. test.
        Moll. N. Atl., etc., p. 46.

1855. *Yetus* — — GRAY (ex parte), List Moll. Brit. Mus.,
        part I. Volutidæ, p. 4 (excl. synon.
        plur.).

1855. — — — GRAY (ex parte), Obs. Spec. of Volutes,
        Proc. Zool. Soc. of Lond., p. 52 (excl.
        synon. plur.).

1857. — — — GRAY, Syst. Arrang. of Moll., p. 24.

1858. *Cymbium* — — H. et A. ADAMS, Gen. of rec. Moll. I,
        p. 159.

1859. *Voluta (Cymbium) proboscida-*
        lis Lamk. CHENU, Manuel de Conch. I, p. 186,
        fig. 943.

1861. *Cymbium proboscidale* Lamk. REEVE, Conch. Icon., pl. XIX, fig. 11.

1868. *Cymba porcina* Lam. var. *pro-*
boscidalis Lamk.   T. G. PONTON, On certain Spec. of Melo and Cymba, Proc. Zool. Soc. of London, p. 375.

1870. *Cymba proboscidalis* Lamk.   WOODWARD, Manuel de Conch., trad. A. Humbert, p. 242, pl. VII, fig. 12 et figure de texte 91.

1874. *Voluta* — —   FRIDRICI, Catal. Collect. Conch. Musée de Metz, p. 151.

1876. *Cymbium proboscidale* —   ROETERS VAN LENNEP, Catal. Collect., p. 37.

1877. — — —   MARRAT, Quart. Journ. of Conch. I, p. 241.

1878. *Voluta Proboscidalis* —   G. R. BATALHA, Catal. Collect. F. R. Batalha, p. 110.

1880. *Cymba proboscidalis* —   WOODWARD, A Manual of the Moll., 4th edit., p. 231, pl. VII, fig. 12 et figure de texte 91.

1882. *Cymbium proboscidale* Lamk. TRYON, (ex parte), Manual of Conch. IV, p. 79, pl. XXII, fig. 1-2 (tantum : excl. synon. *porcinum* Lamk.).

1883. — — —   TRYON, Struct. and Syst. Conch. II, p. 162, pl. LIII, fig. 4; I pl. I, fig. 15.

1883. *Yetus (Cymba) proboscida-*
lis Lamk.   P. FISCHER, Manuel de Conch., p. 606, fig. 367 (juv.).

1884. *Cymbium proboscidale* Lamk. GRASSET, Index Test. viv., p. 26.

1888. *Voluta proboscidalis* —   MARTORELL, Catal. Mus. Martorell, p. 14.

1888. — *Proboscidalis* —   MACARÉ, Catal. Collect. Macaré, p. 47.

1890. — *(Cymbium) proboscida-*
lis Lamk.   RÖMER, Catal. Conch. Samml. Mus. Wiesbaden, p. 38.

1891. *Cymbium proboscidalis* Lamk. BARCLAY, Catal. Collect. Barclay, p. 36. 40.

1894. *Yetus* — —   HORST et SCHEPMAN, Catal. Mus. Pays-Bas, p. 65 (Guinée, Philippines?)

1899. — — —   SOWERBY et FULTON, Catal. of mar Gastrop., p. 14.

1908. *Cymbium proboscidale* Lamk. ROGERS, The Shell Book, p. 85, fig. 6.
1909. *Voluta (Cymbium) proboscida-*
        lis Lamk. COUFFON et SURRAULT, Catal. Collect.
        Letourneux, p. 80.
1912. *Yetus proboscidalis* Lamk. DAUTZENBERG, Mission Gruvel, p. 27.

HABITAT. — Duala. (1 exemplaire.)

Le *Y. proboscidalis* a parfois une très grande taille. Nous en possédons un exemplaire de 34 centimètres de hauteur.

Melongena (Pugilina) morio LINNÉ.

1684. *Cochlea binis fasciis*
    cincta, etc. BONANNI, Recr. mentis et oculi, p. 164, fig. 357.
1685. *Buccinum rostratum,*
    striatum, etc. LISTER, Hist. Conch., pl. CMXXVIII, fig. 22.
1743. *Buccinum nigrum*, etc. HEBENSTREIT, Mus. Richterianum, p. 321
    (réf. : Lister, pl. CMXXVIII, fig. 22).

1753. *Trocho-conus murica-*
    tus, etc KLEIN, Tent. method. ostrac., p. 73, n° 9
    (réf. : Lister, pl. CMXXVIII, fig. 22).
1753. *Æthiops* KLEIN, ibid., p. 61, g.
1756. *Das bandirte Achat*
    Opferhorn LESSER, Testaceotheologia, p. 318, ggg.
1757. *Purpura Nivar* ADANSON, Voyage au Sénégal, p. 141, pl. IX,
    fig. 31.
1758. *Buccinum obscure brun-*
    neum REGENFUSS, Choix de Coquillages, p. LXXVIII,
    pl. XI, fig. 61-61.
1758. *Fusus* SEBA, Thes., pl. LXXIX, figure du bas à
    gauche et figure du bas à droite de celle du
    milieu; pl. LXXX, sauf les deux figures du
    haut à droite.

1758. *Murex Morio* LINNÉ, Syst. Nat., édit. X, p. 753.
1764. — — LINNÉ, Mus. Lud. Ulr., p. 640.
1764. *Fuseau court* KNORR, Délices des yeux, I, pl. XX, fig. 1.

1765. *Fuseau court*   KNORR, ibid., II, p. 17, pl. VI, fig. 2.
1767. *L'Éthiopienne*   DAVILA, Catat. I, p. 150, n° 216.
1767. *Murex morio*   LINNÉ, Syst. Nat., édit. XII, p. 1221.
1773. *Buccinum*, etc.   BONANNI, Mus. Kircher, p. 89-92, pl. XLIII, fig. 350.
1775. *Grande Cordelière ventrue*   FAVART D'HERBIGNY, Dict. d'Hist. Nat., II, p. 338.
1775. *Nivar*   FAVART D'HERBIGNY, Ibid., II, p. 446.
1778. *Murex morio* Lin.   BORN, Index rer. nat. Mus. Cæs. Vindob., p. 310.
1779. — — —   KNORR, Delic. nat. select., I, Coq, p. 44, pl. BV, fig. 4.
1780. *Buccinum nigrum*, etc.   MARTINI, Conch. Cab., IV, p. 139, pl. CXXXIX, fig. 1300-1301.
1780. *Fusus cinereus undulato hiulcus*   CHEMNITZ, Conch. Cab., IV, p. 152, pl. CXL, fig. 1382-1303.
1780. *Murex morio* Lin.   BORN, Test. Mus. Cæs. Vindob., p. 310.
1782. — — —   SCHRÖTER, Mus. Gottwaldianum, p. 41, pl. XXIX, fig. 209^a et juv.: pl. XXXI, fig. 209^b-209^c.
1783. — — —   SCHRÖTER, Einleit. in die Conchylienkenntniss, I, p. 515.
1786 *Die braune gestreifte, knotige Spindel*   KÆMMERER, Conch. Cab. v. Schw. Rudolst., p. 139 (= *M. morio* Linné).
1787. *Buccinum morio* Lin.   MEUSCHEN, Mus. Geversianum., p. 300.
1789. *Murex Morio* —   KARSTEN, Mus. Leskeanum, p. 258.
1790. — *morio* —   GMELIN, Syst. Nat., edit. XIII, p. 3544.
1797. *Rhomus Morio* —   HWASS, Mus. Calonnianum, p. 33 (Guinée).
1798. *Fusus morio* —   BOLTEN, Mus. Boltenianum, p. 120.
1802. *Murex* — —   Bosc, Hist. Nat. des Coq., IV, p. 221.
1802. — *Morio* —   DE FRÉMERY, Mus. Meyerianum, p. 126.
1805. *Fusus morio* —   ROISSY *in* BUFFON, Moll., pl. VI, fig. 61.
1811. *Murex bandatus*   PERRY, Conch., pl. I, fig. 3.
1811. — *bandarius*   PERRY, Conch., pl. I, fig. 4.

1817. *Pugilina faciata*   SCHUMACHER, Nouveau Syst., p. (= *Murex morio* Lin.)

1817. *Murex morio* Lin.   DILLWYN, Descr. Catal., II, p. 719 (excl. var.).

1820. — *Morio* —   WOODARCH, Introd. to Conch., p. 81.

1822. — — —   MAWE *in* WOODARCH, Introd. to Conch., 2ᵉ édit., p. 106.

1822. *Fusus morio* —   LAMARCK, Anim. sans vert., VII, p. 127.

1824. — — —   DUBOIS, Epitome of Lamarck's Arr., p. 235.

1825. — — —   DUBOIS, ibid., p. 235.

1825. *Murex morio* —   MAWE *in* WOODARCH, Introd. to Conch., 3ᵈ edit., p. 100.

1825. *Murex Morio* Lin.   FRANCO, Catal. Coll. Conch. Batalha, p. 15.

1825. *Morio morio* —   WOOD, Index test., p. 126, pl. XXVI, fig. 78.

1825. *Fusus* — —   SOWERBY, Catal. Tankerville, p. 61.

1826. *Murex* — —   BRAND, Catal. Coll. Brand, p. 3.

1827. — — —   RAYE, Catal. Coll. Raye, p. 147.

1827. *Fusus* — ..   SOWERBY, Catal. vente du 29 mai, p. 6.

1828. — — —   SOWERBY, Catal. vente du 15 février, p. 8.

1828. — — —   SOWERBY, Catal. vente du 1ᵉʳ mai, p. 8.

1828. — — —   SOWERBY, Catal. vente du 4 juin, p. 3.

1834. — — —   GRIFFITH *in* CUVIER, Animal Kingdom, pl. XXXIII, fig. 3.

1837. — — —   CUVIER, Animal Kingdom, pl. XX, fig. 1.

1839. — — —   JAY, Catal. of Shells, p. 78.

1839. — — —   ANTON, Verzeichniss, p. 78.

1839. — — —   KIENER, Icon. Coq. viv., p. 56, pl. XXIII, fig. 2, 2 ; pl. XXII, fig. 2, 2.

1840. — — —   HANLEY, The young Conchologist's Book of Species, p. 83.

1840. — *coronatus*   PFEIFFER (non Lamarck), Krit. Reg., p. 37 (pl. CXXXIX, fig. 1300-1301).

1840. *Murex morio* β, Gmel.   PFEIFFER, ibid., p. 38 (pl. CXL, fig. 1302-1303).

1842. *Fusus* — Lin.   HANLEY, The Conchologist's Book of Species, p. 83.

1842. — *Morio* —   REICHENBACH, Land, Süssw. — u. See Conch., p. 75.

1843 *Fusus morio* Lin.   LAMARCK, Anim. sans vert., édit. Deshayes IX, p. 451.

1845. —   —   —   CATLOW et REEVE, Conch. Nomencl., p. 236.

1847. *Pyrula* —   —   REEVE, Conch. Icon. pl. I, fig. 3 (Trinidad, W. Indies).

1850. *Purpura (Pugilina) morio* Lin.   MÖRCH, Catal. Kierulf, p. 15.

1852. *Cassidulus morio* Lin.   MÖRCH, Catal. Yoldi, I, p. 103.

1852. *Fusus* —   —   JAY, Catal. of Shells, 4th edit., p. 322.

1852. —   *Morio* —   MEDER, Catal. Collect. J. C. Meder, p. 45.

1853. —   *morio* —   DUNKER, Ind. Moll. Guinea, p. 27 (Loanda).

1854. —   —   —   GRAY, Catal. coq. Cuba de la collect. du Brit. Museum, p. 30.

1854. *Cassidula* ··   —   MÖRCH, Cat. Hencks, p. 19.

1855. *Fusus* —   —   BERGE, Conchylienbuch, p. 227.

1856. *Morio*   WOOD, Index testac., édit. Hanley, p. 131, pl. XXVI, fig. 78.

1857. *Cassidula morio* Lin.   MÖRCH, Catal. Suenson, p. 31.

1857. *Pyrula Morio* —   GRÜNER, Catal. Coll. Grüner, p. 38.

1858. —   *morio* —   P. FISCHER et BEAU, Catal. coq. Guadeloupe, p. 486.

1859. *Pyrula (Hemifusus) verspertilio*   CHENU (non Lamarck), Manuel de Conch., I, p. 141, fig. 610.

1863. *Cassidula morio* Lin.   MÖRCH, Catal. Lassen, p. 16.

1865. *Cochlidium morio* —   BIELZ, Catal. Collect. Bielz, p. 4.

1865. *Pyrula* —   —   MARRAT, Catal. Collect. Dennison, p. 8.

1874. *Fusus* —   —   FRIDRICI, Catal. Collect. Conch. Metz, p. 141.

1878. —   —   —   G. R. BATALHA, Catal. Collect. F. R. Batalha, p. 42.

1878. *Fusus (Hemifusus) morio* Lin.   MARRAT, List Afric. Sh., Quart. Journ. of Conch., I, p. 381.

1878. *Cassidulus morio* Lin.   POULSEN, Catal. West-India Shells Collect., p. 11.

1878. *Murex* —   —   BRAUER, Bemerk. über Born's Test. Mus. Cæs. Vindob., Sitzungsber. d. k. Akad. d. Wissensch., LXXVII, p. 51.

1880. *Fusus morio* Lin.   GAUDION, Fam. Muricidae, Bull. Soc. Et. Sc. Béziers, p. 86.

1881. *Melongena morio* Lin.   TRYON, Manual of Conch., III, p. 111, pl. XLIII, fig. 228-229.

1881. *Pyrula*   —   —   KOBELT, Conch. Cab. 2e édition, p. 35, pl. XXVIII, fig. 4-5; pl. XXXIII, fig. 4-5.

1883. *Melongena*   —   —   TRYON, Struct. and Syst. Conch., II, p. 402, pl. 1L, fig. 4.

1883. *Fusus*   —   —   SICARD, Eléments de Zoologie, p. 471, fig. 487.

1884. *Melongena*   —   —   GRASSET, Index test. viv., p. 18.

1887. *Pyrula*   —   —   NOBRE, Rem. sur la faune malac. mar. de l'Afr. Occ., p. 7.

1888.   —   —   —   SCHEPMAN, Zool. res. in Liberia, Notes Leyden Mus., X, note XXIII, p. 250.

1888. *Melongena*   —   —   MARTORELL, Catal. Mus. Martorell, p. 8.

1888. *Fusus*   —   —   MACARÉ, Catal. Collect. Macaré, p. 37.

1890. *Hemifusus*   —   --   RÖMER, Cat. Conch. Samml. Mus. Wiesbaden, p. 25.

1890. *Melongena*   —   —   DAUTZENBERG, Récoltes Culliéret, Mém, Soc. Zool. Fr., p. 165 (Banc d'Arguin).

1891.   —   —   —   DAUTZENBERG, Voyage de la « Melita », Mém. Soc. Zool. Fr., p. 36 (Dakar).

1894.   —   —   —   HORST et SCHEPMAN, Catal. Moll. Mus. Pays-Bas, p. 98 (Guinée, Libéria). (Excl. var. *coronata*.)

1896.   —   —   --   ELERA, Catal. Coll. Univ. Manille, p. 21.

1899. *Murex*   —   —   SHERBORN, Ind. Linnaeanus, p. 62.

1899. *Hemifusus*   —   —   SOWERBY et FULTON, Catal. of mar. Gastrop., p. 6.

1902. *Murex*   —   —   SHERBORN, Index Animalium, p. 630.

1902. *Melongena*   —   —   BÉNARD, Album de coupes de coquilles, pl. IX, fig. 1, 1, 1.

1907. *Melongena* (*Pugilina*) *morio* Lin.   LAMY, Coq. rec. par Gravier à S. Thomé, Bull. Mus. Hist. Nat. n° 2, p. 147.

1908. *Melongena* (*Pugilina*) *morio* Lin.   LAMY, Coq. mar. rec. par Chevalier en Afr. Occid., Bull. Mus. Hist. Nat. n° 6, p. 286.

1909. *Pyrula (Melongena)*
      morio Lin.   COUFFON et SURRAULT, Catal. Coll. Letour-
                            neux, p. 61.
1910. *Melongena morio* Lin. HIDALGO, Mol. de la Guinea española, Mem.
                            R. Soc. Esp. de Hist. Nat., p. 511.
1910. *Semifusus*   —   — DAUTZENBERG, Contrib. Faune Afric. Occid.,
                            I, p. 48.
1911.   —   — ... G. DOLLFUS, Coq. quatern. mar. du Sénégal,
                            p. 25, pl. I, fig. 13-14.
1912.   —   —   — DAUTZENBERG, Mission Gruvel, p. 29.
1914.   —   —   — TOMLIN et SHACKLEFORD, Mar. Moll. of
                            S. Thomé, Journ. of Conch., XIV, p. 243.

HABITAT. — Duala. (3 exemplaires.)

L'aire de dispersion du *M. morio* est considérable : nous en possédons des spécimens de la Martinique et du Brésil qui ne diffèrent en rien de ceux de la côte occidentale d'Afrique et de l'Archipel du Cap-Vert. Sa présence des deux côtés de l'Océan Atlantique s'expliquerait facilement, sans recourir à l'hypothèse plus que problématique de l'Atlantide, si l'on pouvait démontrer que ses embryons ont, comme ceux du *Purpura hæmastoma*, un stade pélagique prolongé, leur permettant de supporter la translation à grande distance par les courants. Nos connaissances sur la vie embryonnaire de la plupart des Gastéropodes marins sont malheureusement très rudimentaires, puisque nous ne sommes pas encore parvenu à savoir à quelles espèces appartiennent les nombreux embryons décrits sous le nom générique *Sinusigera* et qui circulent dans l'Océan Indien, loin de toute terre.

Il ne peut être question du transport du *M. morio* par les hommes, puisqu'on le rencontre des deux côtés de l'Atlantique dans des dépôts quaternaires.

Tritonidea (Cantharus) sulcata GMELIN.

1757. *Purpura Tafon* ADANSON, Voyage au Sénégal, p. 133, pl. IX, fig. 25.
1790. *Murex sulcatus* GMELIN, Syst. Nat. édit. XIII, p. 3549 (= *Purpura tafon*, Adanson).

1834. *Buccinum viverratum* KIENER, Icon. coq. viv., p. 35, pl. X, fig. 35.

1836. — — Kien. TH. MÜLLER, Synops. test. viv., p. 65.

1839. *Pollia variegata* GRAY, Zool. Voyage Beechey, p. 112.

1840. *Purpura viverratoides* D'ORBIGNY, Moll. des îles Canaries, p. 91, pl. VI, fig. 38.

1844. *Buccinum Tafon* Adans. DESHAYES *in* LAMARCK, Anim. sans vert. 2e édit., p. 188.

1845. — *viverratum* Kien. CATLOW et REEVE, Conch. Nomencl., p. 280.

1846. — *variegatum* Gray REEVE, Conch. Icon., pl. VII, fig. 48.

1852. *Tritonidea* — — MÖRCH, Catal. Yoldi, I, p. 92.

1852. *Buccinum viverratum* Kien. SOULEYET, Voyage « Bonite », p. 609, pl. XLI, fig. 25-26 et opercule : fig. 27.

1853. — *lineatum* DUNKER (non Gmelin), Moll. Guinea, p. 19 (= *Tafon* = *B. viverratum* Kien.).

1854. *Purpura viverratoides* d'Orb. MAC ANDREW, Geogr. distrib. test. Moll. N. Atl., p. 42 (Canaries).

1856. — — — MAC ANDREW, Report mar. test. Moll. N. Atl. etc., Rep. Brit. Ass. f. Adv. of Sc., p. 130, 153.

1857. *Buccinum variegatum* Gray GRÜNER, Catal. Collect. Grüner, p. 42.

1878. — *viverratum* Kien. G. R. BATALHA, Catal. Collect. F. R. Batalha, p. 9.

1881. *Cantharus variegatus* Gray TRYON, Manual of Conch., III, p. 165, pl. LXXIV, fig. 298, 299.

1887. *Pollia sulcata* Gmel. NOBRE, Rem. Fauna mal. mar. Afr. Occ., Journ. Acad. Sc. Lisboa, p. 110.

1898. *Purpura viverratoides* d'Orb. MABILLE, Notitiæ malac., Bull. Soc. Philom. Paris, p. 17.

1907. *Cantharus sulcatus* (Born) LAMY (non Born), Coq. mar. rec. par Gravier à S. Thomé, Bull. Mus. Hist. Nat., n° 2, p. 147.

1908. *Tritonidea (Cantharus) sulcata* (Born) LAMY (non Born), Coq. mar. rec. par Chevalier en Afr. Occid., Bull. Mus. Hist. Nat., n° 6, p. 286.

1910. *Tritonidea (Cantharus) viverrata* Kien. DAUTZENBERG, Contrib. Faune Afr. Occid., I, p. 50.

1910. *Tritonidea variegata* Gray HIDALGO, Moll. de la Guinea Española, Mem. R. Soc. Esp. de Hist. Nat., p. 511.

1910. *Pisania* — — THIELE, Molluskenfauna Westindiens, Zool. Jahrb., suppl. II, Heft. 2, p. 121.

1912. *Tritonidea (Cantharus) viverrata* Kien. DAUTZENBERG, Mission Gruvel, p. 29.

1914. *Pollia viverrata* Kien. TOMLIN et SHACKLEFORD, Mar. Moll. of S. Thomé, Journ. of Conch., XIV, p. 246.

HABITAT. — Duala. (1 exemplaire.)

C'est à tort que M. LAMY a cité cette espèce sous le nom de *Tritonidea (Cantharus) sulcata* BORN, car le *Buccinum sulcatum* BORN, dont il indique la référence, est un *Planaxis*.

Le nom qui doit être adopté est *sulcata* GMELIN (sp. MUREX), qui a été fondé sur le *Tafon* D'ADANSON, espèce parfaitement reconnaissable, quoi qu'en ait dit TRYON dans son Manuel.

Murex (Phyllonotus) Bourgeoisi TOURNOUËR.

1875. *Murex Bourgeoisi* TOURNOUËR, Journ. de Conch., XXIII, p. 156, pl. V, fig. 5.

1879. — — SOWERBY, Thes. Conch., IV, p. 36, pl. CCCXCIX, fig. 184.

1880. — *(Phyllonotus) quadrifrons* TRYON (ex parte, non Lamarck), Manual of Conch., II, p. 107, pl. XVII, fig. 170.

1883. *Murex (Phyllonotus) quadrifrons* POIRIER (ex parte), Revision des Murex du Muséum, p. 80 (excl. synon. plur.).

1910. — *Bourgeoisi* Tourn. HIDALGO, Mol. de la Guinea Española in Mem. R. Soc. Esp. de Hist. Nat., p. 512.

1912. — *(Muricantha) quadrifrons* DAUTZENBERG (non Lamarck), Mission Gruvel, p. 37.

HABITAT. — Duala. (6 exemplaires, dont un de 88 millimètres de hauteur.)

M. Hidalgo a suivi l'exemple de Sowerby, en adoptant pour cette espèce le nom de *Murex Bourgeoisi* créé par Tournouër pour une espèce fossile du Miocène de la Touraine. Une comparaison attentive des spécimens actuels de l'Afrique Occidentale et des fossiles nous a décidé à accepter cette assimilation : la sculpture, le nombre des varices et leur développement sont les mêmes ; la contraction qu'on remarque chez les exemplaires fossiles au-dessous du milieu du dernier tour est habituellement moins accusée sur les spécimens actuels, mais nous possédons quelques individus chez lesquels ce caractère est aussi marqué.

Tryon a réuni le *M. Bourgeoisi* au *M. quadrifrons* Lk, mais cette espèce de Lamarck est fort douteuse : sa description est insuffisante et n'est accompagnée d'aucune référence. Elle a été diversement interprétée par les auteurs : Kiener a décrit et figuré sous ce nom (Icon. coq. viv., p. 41, pl. 34, fig. 1,1) une coquille qui paraît être une variété à quatre varices (au lieu de trois) du *Murex capucinus* Lamarck, Mollusque de la région Indo-Pacifique.

Tryon a compris dans la synonymie du *M. quadrifrons* le *M. Moquinianus* Duval (Journ. de Conchyl. IV, p. 203, pl. V, fig. 4), le *M. megacerus* Sowerby (Conchol. Illustrations, fig. 18), qui a pour synonyme *M. castaneus* Sow. (Conch. Illustr., fig. 44) et le *M. lignarius* A. Adams (Proc. Zool. Soc. of London, 1851, p. 268), non figuré, et qu'il n'est pas possible de reconnaître, bien qu'il soit indiqué comme habitant l'Afrique Occidentale.

Ces formes sont toutes bien différentes du *M. Bourgeoisi*.

Murex (Bolinus) cornutus Linné.

	Fabius Columna, Aquat., p. 63, pl. VI, fig. 3.
1685. *Buccinum ampullaceum, rostratum*, etc.	Lister, Hist. Conch., pl. CMI, fig. 21.
1741. *Murex tribulus*	Rumph (ex parte, non Linné). Amboin. Rariteitk., p. 86, pl. XXVI, fig. 5.)

1742. *Purpura rectirostra major*, etc.   GUALTIERI, pl. XXX, fig. D.

1743. *Murex clava Herculis*   HEBENSTREIT, Mus. Richterianum, p. 316 (réf. Lister, pl. CMI).

1753. *Haustellum muricatum longirostrum*   KLEIN, Tent. method. Ostrac., p. 63, spéc. II, n° 3.

1756. *Purpura echinata*, etc.   LESSER, Testaceotheologia, p. 328, § 59 d.

1758. *Ficus duae muricatae*, etc.   SEBA, Thes., p. 173, pl. LXXVIII, fig. 7-8.

1758. *Rapum spinosum*   SEBA, Thes., p. 173, pl. LXXVIII, fig. 9.

1758. *Murex cornutus*   LINNÉ, Syst. Nat., édit. **X**, p. 746.

1764. — —   LINNÉ, Mus. Lud. Ulr., p. 627.

1767. — —   LINNÉ, Syst. Nat., édit. XII, p. 1214.

1767. *Grande Pourpre des Indes*   DAVILA, Catal. Syst. I, p. 203, n° 384.

1767. *Massue d'Hercule*   DAVILA, Ibid., p. 204, n° 385.

1767. *Purpura : Massue épineuse brune*   MEUSCHEN, Mus. Leersianum, p. 41, n° 359 (réf. Seba, pl. LXXVIII, fig. 7).

1767. *Purpura : Massue épineuse jaunâtre*   MEUSCHEN. Ibid., p. 41, n° 360 (réf. Seba, pl. LXXVIII, fig. 8).

1773. *Die dornichte Schnepfenschnabel*   VALENTYN, Schnecken, p. 45.

1773. *Purpura echinata* sive *clavata*   BONANNI, Mus. Kircherianum, pp. 71-72, fig. 283, 284.

1777. *Cochlis volutacea, muricata*, etc.   MARTINI, Conch. Cab., III, p. 360, pl. CXIV, fig. 1057.

1778. *Murex cornutus* Lin.   BORN, Index rer. nat. Mus. Cæs. Vindob., p. 285.

1780. — — —   BORN, Test. Mus. Cæs. Vindob., p. 288.

1783. — — —   SCHRÖTER, Einleit. I, p. 478.

1786. *Der gezakte Schöpfer*   KÆMMERER, Conch. Cab. Schwarzburg Rudolstadt, p. 104 (= *M. cornutus* L.)

1787. *Purpura cornuta* Lin.   MEUSCHEN, Mus. Geversianum, p. 310.

1790. *Murex cornutus* —   GMELIN, Syst. Nat., édit. XIII, p. 3526.

1797. *Purpura Cornuta* Lin. HWASS, Mus. Calonnianum, p. 41.

1802. *Murex cornutus* — BOSC, Hist. Nat. des Coq., IV, p. 205.

1805. — — — ROISSY *in* BUFFON, VI, p. 52.

1817. — — — DILLWYN, Descr. Catal. II, p. 683.

1820. — *Cornutus* — WOODARCH, Introd. to Conch., p. 80.

1822. — — — MAWE *in* WOODARCH, Introd. to Conch., 2ᵉ édit., p. 104.

1822. — *cornutus* — LAMARCK, Anim. sans vert., VII, p. 156.

1824. — — — DUBOIS, Epitome of Lamarck's Arr., p. 242.

1825. — — — DUBOIS, Ibid., p. 242.

1825. — *Cornutus* — MAWE *in* WOODARCH, Introd. to Conch., 3ᵉ édit., p. 99.

1825. — — — FRANCO, Catal. Coll. Conch. Batalha, p. 14.

1825. — *cornutus* — WOOD, Index testac., p. 119, pl. XXV, fig. 5.

1827. — *Cornutus* — RAYE, Catal. Collect. Raye, p. 143.

1829. — *cornutus* — SCHUBERT et WAGNER, Conch. Cab. XII, p. 134, pl. CCXXXI, fig. 4068-4069.

1832. — — — DESHAYES, Encycl. Méthod., III, p. 894.

1838. — — — POTIEZ et MICHAUD, Galerie de Douai, I, p. 414.

1838. — — — ANTON, Verzeichniss, p. 80.

1839. — — — JAY, Catal. of Shells, p. 79.

1840. — — — PFEIFFER, Krit. Reg. Conch. Cab, p. 29 (pl. CXIV, fig. 1057).

1840. — — — HANLEY, The Young Conchologist's Book of Species, p. 88.

1842. — — — HANLEY, The Conchologist's Book of Spec., p. 88.

1842. — — — KIENER, Icon. Coq. viv., p. 14, pl. II, fig. 1, 1.

1842. — — — REICHENBACH, Land, Süssw.- und See-conch., p. 71, pl. XLV, fig. 593.

1843. — — — LAMARCK, Anim. sans vert., édit. Deshayes, IX, p. 562.

1844. — — — KÜSTER, Conch. Cab., 2ᵉ édit., p. 23, pl. VIII, fig. 5; pl. X, fig. 1, 2.

1845. — — — REEVE, Conch. Icon., pl. XVIII, fig. 71 (Embouchure de la Gambie) et var. *lactea*.

1845 *Murex cornutus* Lin. CATLOW et REEVE, Conch. Nomencl., p. 247.

1849. — — — MENKE, Meeresconch. von Bathurst, Zeitschr. f. Malakoz., p. 37.

1852. — — — JAY, Catal. of Sh. 4th edit., p. 330.

1852. — — — MEDER, Catal. Collect. J. C. Meder, p. 83.

1852. *Haustellaria cornutus* Lin. MÖRCH, Catal. Yoldi, I, p. 99.

1855. *Murex cornutus* Lin. BERGE, Conchylienbuch, p. 219.

1855. — — — HANLEY, Ipsa Linn. Conch., p.

1856. — — — WOOD, Index testac., édit. Hanley, p. 126, pl. XXV, fig. 5.

1857. — *Cornutus* — GRÜNER, Catal. Collect. Grüner, p. 38.

1858. *Murex (Rhinocantha) cornutus* Lin. H. et A. ADAMS, Gen. of rec. Moll., I, p. 72.

1863. *Murex cornutus* Lin. MÖRCH, Catal. Lassen, p. 17.

1865. — — — BIELZ, Catal. Collect. Bielz, p. 5.

1874. — — — FRIDRICI, Catal. Collect. Conch. Mus. Metz, p. 139.

1876. — — — ROETERS VAN LENNEP, Catal. Collect., p. 6.

1877. — *(Rhinocanthus) cornutus* Lin. MARRAT, Quart. Journ. of Conch., I, p. 241.

1878 *Murex cornutus* Lin. BRAUER, Bemerk. über Born's Test. Mus. Cæs. Vindob., Zitzungsb. d. k. Akad. der Wissensch., LXXVII, p. 49.

1878. — — — KOBELT, Illustr. Conchylienbuch, p. 32.

1878. — *Cornutus* — G. R. BATALHA, Catal. Collect. F. R. Batalha, p. 68.

1879. — *cornutus* — SOWERBY, Thes. Conch., IV, p. 28, pl. CCCXCVII, fig. 166.

1880. — — — TRYON, Manual of Conch., II, p. 98, pl. XXI, fig. 196, 197.

1880 — *cornutus* — GAUDION, Catal. Muricidæ, Bull. Soc. Et. Sc. Béziers, p. 47.

1883. — *cornutus* — KÖNNECKE, Catal. Conch. Samml., p. 1.

1883. *Murex (Rhinocantha)*
    cornutus Lin.   TRYON, Struct. a. Syst. Conch., II, p. 105, pl. XLIII, fig. 5.

1883. *Murex cornutus* Lin.   POIRIER, Revis. *Murex* du Muséum, Nouv. Arch. du Mus., p. 45.

1884. —   —   —   GRASSET, Index Test. viv., p. 5, (Gabon).

1886. —   —.   FURTADO, Catal. gén. Mol. Mus. Lisboa, p. 14 et var. *lacteus* Reeve.

1887. —   —   —   NOBRE, Rem. Faune malac. mar. Afr. Occ., p. 5.

1888. —.   —   —   MARTORELL, Cat. Mus. Martorell, p. 7.

1888. —   *Cornutus*   —   MACARÉ, Catal. Collect. Macaré, p. 38.

1890. —   *(Rhinocantha)*
    cornutus Lin.   RÖMER, Catal. Conch. Samml. Mus. Wiesbaden, p. 23.

1891. *Murex cornutus* Lin.   BARCLAY, Catal. Collect. Barclay, p. 17.

1894. —   *(Bolinus) cornutus* Lin.   HORST et SCHEPMAN, Catal. Moll. Mus. Pays-Bas, p. 136.

1899. *Murex (Bolinus) cornutus* Lin.   SOWERBY et FULTON, Catal. of mar. Gastrop., p. 2.

1899. *Murex cornutus* Lin.   SHERBORN, Index Linnæanus, p. 61.

1902. —   —   —   SHERBORN, Index Animalium, p. 247.

1903. —   —   —   FONT y SAGUÉ, Mol. rec. en Rio de Oro, Bol. R. Soc. Esp. de Hist. Nat., p. 209.

1908. —   *(Rhinocantha)*
    cornutus Lin.   ROGERS, The Shell Book, p. 32, fig. 1.

1909. *Murex (Rhinocantha)*
    cornutus Lin.   COUFFON et SURRAULT, Catal. Collect. Letourneux, p. 59.

1910. *Murex cornutus* Lin.   DAUTZENBERG, Contrib. Faune Afr. Occid., I, p. 61.

1912. —   —   DAUTZENBERG, Mission Gruvel, p. 36.

La forme typique du *M. cornutus* ne nous a pas été envoyée par M. FOURNEAU. Cette espèce n'est représentée dans sa récolte que par un exemplaire de la variété *tumulosa*.

Var. **tumulosa** Sowerby.

1757. *Purpura Bolin*		Adanson, Voyage au Sénégal, p. 127, pl. VIII, fig. 20.
1840. *Murex tumulosus*		Sowerby, Conch. Ill., fig. 71.
1840. — —		Sowerby, Proc. Zool. Soc. of London, p. 144.
1845. — —	Sow.	Reeve, Conch. Icon., pl. XXIII, fig. 94.
1879. — — —		Sowerby, Thes. Conch., IV, p. 29, pl. CCCXCVII, fig. 168.
1880. · *cornutus* var. *tumulosa* Sow.		Tryon, Manual of Conch., II, p. 98, pl. XXI, fig. 198.
1883. *Murex tumulosus* Sow.		Poirier, Revis. des *Murex* du Muséum, Nouv. Arch. du Mus., p. 45.
1910. — *cornutus* var. *tumulosa* Sow.		Dautzenberg, Contrib. Faune Afr. Occid., p. 62.
1911. *Murex tumulosus* Sow.		G. Dollfus, Coq. quatern. mar. du Sénégal, p. 29, pl. I, fig. 23.
1912. — *cornutus* var. *tumulosa* Sow.		Dautzenberg. Mission Gruvel, p. 36.

Habitat. — Duala. (1 exemplaire.)

Le *Bolin* d'Adanson est bien la forme à épines droites, non recourbées, qui a été nommée depuis *M. tumulosus*.

Purpura (Stramonita) hæmastoma Linné.

1685. *Buccinum breviros-trum*, etc.		Lister, Hist. Conch., pl. CMLXXXVIII, fig. 48.
1741. *Cassis verrucosa*		Rumph (ex parte) Amboinsche Rariteitkamer, p. 83, pl. XXIV, fig. 5.
1742. *Buccinum maius*, etc.		Gualtieri, Index Test., pl. LI, fig. A.
1757. *Purpura Sakem*		Adanson, Voyage au Sénégal, p. 100, pl. VII, fig. 1.

1767. *Buccinum hœmastoma*   LINNÉ, Syst. Nat. édit. XII, p. 1202.
1770.   —   *Hœmastoma* Lin.   HUDDESFORD *in* LISTER, Hist. Conch., Index, p. 46.
1777. *Murex flavosculum binodosum* MARTINI, Conch. Cab. III, p. 273, pl. CI.. fig. 964-965.
1777.   —   *Flavosculum, ubique nodosum*   MARTINI, (ex parte), Conch. Cab., III, p. 274, pl. CI, fig. 966 (tantum).
1778. *Buccinum Hœmastoma* Lin.   BORN, Index rer. nat. Mus. Cæs. Vindob., p. 248.
1780.   —   *hœmastoma*   —   BORN, Test. Mus. Cæs. Vindob., p. 254.
1783.   —   —   —   SCHRÖTER, Einleit., I, p. 336.
1787. *Muriciformis Hœmastoma* Lin.   MEUSCHEN, Mus. Geversian., p. 320.
1789 *Buccinum hœmastoma* Lin.   KARSTEN, Mus. Leskeanum, p. 235.
1790.   —   —   —   GMELIN, Syst. Nat., édit. XIII, p. 3483.
1790. *Murex consul*   GMELIN, ibid, p. 3540.
1795. *Buccinum Hœmastoma Linnœi*   CHEMNITZ, Conch. Cab., XI, p. 80, pl. CLXXXVII, fig. 1796-1797.
1797. *Haustrum*   —   Lin.   HWASS, Mus. Calonnianum, p. 30.
1817. *Buccinum hœmastoma*   —   DILLWYN, Descr. Catal., I, p. 611.
1817. *Stramonita*   —   —   SCHUMACHER, Nouv. Syst., p. 226.
1817. *Murex consul* Chemn.   DILLWYN, Descr. Catal., II, p 711.
1820. *Buccinum Hœmastoma* Lin.   WOODARCH, Introd. to Conch., p. 71.
1822.   —   —   —   MAWE *in* WOODARCH, Introduc. to Conch., 2ᵉ édit., p. 94.
1822. *Purpura hœmastoma*   —   LAMARCK, Anim. sans vert., VII, p. 238.
1824.   —   —   —   DUBOIS, Epitome of Lamarck's Arr., p. 256.
1825.   —   —   —   DUBOIS, ibid., p. 256.
1825.   —   —   —   SOWERBY, Catal. Tankervil., p. 70-71.
1825.   —   *Hœmastoma*   —   WOOD, Index testac., p. 108, pl. XXII, fig. 57.
1825. *Buccinum Hœmastoma*   —   MAWE *in* WOODARCH, Introduc. to Conch., 3ᵈ édit., p. 90.
1825.   —   —   —   FRANCO, Catal. Collect. Conch. Batalha, p. 12

1825. *Murex consul* Chemn.   WOOD, Index test., p. 125, pl. XXVI, fig. 61.

1826. *Purpura hæmastoma* Lin. PAYRAUDEAU, Moll. de Corse, p. 155.

1827.   —   —   —   SOWERBY, Catal. vente du 29 mai, p. 3.

1828.   —   *hæmastoma*   —   SOWERBY, Catal. vente du 15 févr., p. 8.

1829.   —   *Hæmastoma* Lin.   SCHUBERT et WAGNER, Conch. Cab., Suppl , XII., p. 145, pl. CCXXXIII, fig. 4085-4086.

1830.   —   *hæmastoma*   —   BLAINVILLE, Faune franç., p. 145, pl. VI, fig. 2, 2ª, 2ᵈ.

1830.   —   —   —   MENKE, Synopsis, p. 61.

1830.   —   —   —   COLLARD DES CHERRES, Catal. Moll. Finistère, p. 52.

1832.   —   —   —   DESHAYES, Encycl. Méthod., III, p. 842.

1836.   —   —   —   PHILIPPI, Enum. Moll. Sic., I, p. 218.

1836.   —   —   —   KIENER, (en parte), Icon. coq. viv., p. 110, pl. XXXII, fig. 78, XXXIII, fig. 79.

1836.   —   *Consul* Chemn.   KIENER, ibid., p. 113, pl. XVI, fig. 48-48.

1836.   —   *hæmastoma* Lin. SCACCHI, Cat. Conch. Regni Neap., p. 11.

1838.   —   —   —   POTIEZ et MICHAUD, Galerie de Douai, I, p. 397.

1838.   —   *hæmastoma*   —   MARAVIGNA, Mém. Sicile, p. 65.

1839.   —   *hæmastoma*   —   JAY, Catal. of Shells, p. 85.

1839.   —   —   —   ANTON, Verzeichniss, p. 89.

1840.   —   —   —   D'ORBIGNY, Moll. des îles Canaries, p. 91, pl. VI, fig. 39-40.

1840.   —   —   —   HANLEY, The young Conchologist's Book of Species, p. 103.

1840.   —   —   —   PFEIFFER, Krit. Reg. Conch. Cab., p. 26, (pl. C, fig. 964-965).

1840.   —   *consul*   —   PFEIFFER, ibid, p. 104 (pl. CLXXXVII, fig. 1796-1797).

1840.   —   *gigantea*   CALCARA, Mon. Clausilia e Bulimo, p. 53.

1842.   —   *hæmastoma* Lin. HANLEY, The Conchologist's Book of Species, p. 103.

1842. *Buccinum (Purpura) hæmastoma* Lin.   REICHENBACH, Land., Süssw.- u. See-conch., p. 68, pl. XLI, fig. 570 (mala.

1844. *Purpura hœmastoma* Lin. LAMARCK, Anim. sans vert., édit. Deshayes, X, p. 67.

1844. — — — PHILIPPI, Enum. Moll. Sic., II, p. 187.

1844. — *consul* Chemn. LAMARCK, Anim. sans vert, édit. Deshayes, X, p. 63.

1844. — *hœmastoma* Lin. FORBES, Report Aegean Invert., pp. 140, 157.

1845. — — — CATLOW et REEVE, Conchol. Nomencl., p. 271.

1846. — — — REEVE, Conch. Icon., pl. V, fig. 21.

1846. — *Consul* Chemn. REEVE, Ibid., pl. I, fig. 4.

1846. — *gigantea* REEVE, Ibid., pl. IV, fig. 17.

1847. — *(Stramonita) hœmastoma* Lin. GRAY, List of Gen. of rec. Moll., Proc. Zool. Soc. of London, p. 138.

1850. *Purpura hœmastoma* Lin. M. E. GRAY, Figures of Moll. Anim., 20, pl. XCVII,p. fig. 7ª (opercule).

1850. — *(Stramonita) hœmastoma* Lin. MÖRCH, Catal. Kierulf, p. 15.

1850. *Purpura hœmastoma* Lin. MAC ANDREW, Report Moll. Spain, Portugal, etc., Rep. Brit. Assoc. f. Adv. of Sc., pp. 271, 287.

1852. — — — PETIT DE LA SAUSSAYE, Catal., Journ. de Conch., p. 197.

1852. — — — MEDER, Catal. Collect. J. C. Meder, p. 14.

1852. — *(Stramonita) hœmastoma* Lin. MÖRCH, Catal. Yoldi, I, p. 89.

1852. *Purpura hœmastoma* Lin. JAY, Catal. of Shells, 4th edit., p. 352.

1853. — — — DUNKER, Index Moll. Guinea, p. 21, pl. III, fig. 12-13.

1853. — *consul* Chemn. DUNKER, ibid., p. 22.

1853. — *hœmastoma* Lin. DOUBLIER, Prodr. Hist. Nat. du Var, p. 119.

1854. — — — GRAY, Catal. Moll. Cuba in collect of the Brit. Mus., p. 28.

1854. — — — MÖRCH, Catal. Hencks, p. 17.

1854. — — — MAC ANDREW, Geogr. Distrib. test. Moll. N. Atl., etc., pp. 17, 22, 26, 32, 36, 47.

1855. — — — BERGE, Conchylienbuch, p. 211.

1855. *Purpura mancinella* BERGE (non Linné) ibid., p. 210, pl. XXXII, fig. 15.

1855. *Buccinum hœmastoma* Lin. HANLEY, Ipsa Linn., Conch., p. 253.

1856. — — — WOOD, Index testac., édit. HANLEY, p. 114, pl. XXII, fig. 57.

1856. *Purpura* — — MAC ANDREW, Rep. mar. test. Moll. N. Atl., Report Brit. Assoc. f. Adv. of Sc., pp. 130, 153.

1856. — *consul* Chemn. WOOD, Index testac., édit. Hanley, p. 130, pl. XXVI, fig. 161.

1857. — *Hœmastoma* Lin. GRÜNER, Catal. Coll. Grüner, p. 41.

1857. — *hœmastoma* — GRAY, Syst. Arrang. of Moll., p. 20.

1858. — — — KÜSTER, Conch. Cab., 2e édit., pl. XXI, fig. 1; pl. XXX. fig. 13-14.

1858. — *consul* Chemn. KÜSTER, ibid., p. 93, pl. XVI, fig. 1-2.

1858. — *hœmastoma* Lin. DROUËT, Moll. mar. des îles Açores, p. 31.

1859. — — — CHENU, Manuel de Conch., I, p. 167, fig. 804.

1860. — — — DESLONGCHAMPS, Catal. Moll., etc., rec. par le « Rapide », p. 55 (îles du Cap-Vert).

1861. — — — DROUËT, Elém. de la Faune açoréenne, p. 174.

1864. — — — REIBISCH, Malakoz. Bl. XII, p. 129.

1865. — — — BIELZ, Catal. Collect. Bielz, p. 5.

1865. — — — P. FISCHER, Faune Conch. mar. Gironde, p. 83, 87.

1867. — — — JEFFREYS, Brit. Conch., IV, pp. 278, 282.

1867. — *Barcinonensis* HIDALGO, Journ. de Conch., XV, p. 357, pl. XII, fig. 1.

1867. — *hœmastoma* Lin. CARUANA, En. ord. Moll. Gaulo-Melitensium, p. 51.

1868. — — — WEINKAUFF, Conch. des Mittelm., p. 52.

1869. — — — JEFFREYS, Brit. Conch., V, pl. CII, fig. 5.

1869. — — — TAPPARONE-CANEFRI, Moll. test. Spezia, p. 29.

1869. *Purpura Hæmastoma* Lin. Petit de la Saussaye, Cat. test. mar., p. 159.

1870. — *Barcinonensis* Hidalgo, Mol. mar. España, etc., p. 8, pl. XXVII^a, fig. 7-8.

1870. — *hæmastoma* Lin. Hidalgo, ibid., p. 5, pl. XXVII, fig. 1-2.

1870. — — — Aradas et Benoit, Conch. viv. mar. della Sic., p. 261.

1871. — — — Smith, List of Sh. from W. Afr., Proc. Zool. Soc. of Lond., p. 732 (Lagos).

1873. — — — Weinkauff, Cat. europ. Meeresconch., p. 4, et var. *barcionnensis* (sic).

1873. — — — Clément, Catal. Moll. du Gard, p. 48.

1874. — — — Fridrici, Catal. Collect. Conch. Mus. Metz, p. 143.

1876. — — — Roeters van Lennep, Catal. Collect., p. 3.

1876. — (*Stramonita*) *hæ-mastoma* Lin. Higgins, Moll. « Argo » Exped., Rep. Liverpool, Mus. n° 1, p. 5 (Madère).

1878. *Purpura hæmastoma* Lin. P. Fischer, Brachiop. et Moll. du litt. océan. de France, p. 22.

1878. — — — Marion, Deux jours de drag. dans le golfe d'Alger, p. 23.

1878. — — — Poulsen, Catal. W. India Shells Collect., p. 11.

1878. — — — Monterosato, Enum. e Sinon., p. 39.

1878. — (*Stramonita*) *hæ-mastoma* Lin. Kobelt, Illustr. Conchylienb., p. 50. pl. XIV, fig. 1.

1878. *Purpura* (*Stramonita*) *hæ-mastoma* Lin. Brauer, Bemerk. über Born, Sitzungsb. d. k. Akad. der Wissensch., LXXVII, p. 44.

1878. *Purpura Hæmastoma* Lin. G.-R. Batalha, Catal. Collect. F.-R. Batalha, p. 87.

1880. — (*Stramonita*) *hæ-mastoma* Lin. Tryon (en parte), Manual of Conch., II, p. 167. pl. IL, fig. 80, 84; pl. L, fig. 87 (tantum. Exclus. synon. plur.).

1880. *Purpura (Stramonita) consul* Chemn.   Tryon, ibid. p. 166, pl. IL, fig. 74-79.

1882. *Purpura (Stramonita) hœmastoma* Lin.   Bucquoy, Dautzenberg et G. Dollfus, Les Moll. du Roussillon, I, p. 62, pl. IX, fig. 4-5; pl. X, fig. 1-2.

1883. *Purpura hœmastoma* Lin.   Könnecke, Catal. Conch. Samml., p. 6.

1884. — — —   Grasset, Index, Test. viv., p. 9.

1884. — — —   Nobre, Mol. mar. do Noroeste de Portugal, p. 45.

1884. — *(Stramonita) hœmastoma* Lin.   P. Fischer, Manuel de Conch., p. 645.

1884. *Purpura (Stramonita) hœmastoma* Lin.   Tausch, Capverd. Conch., Jahrb. d. D. Malak. Ges. XI, p. 183.

1885. *Purpura (Stramonita) hœmastoma* Lin.   Nobre, Faune Conch. mar. du N.-O. du Portugal, O Instituto, p. 454.

1885. *Purpura hœmastoma* Lin.   Yates, Catal. Collect. Yates, p. 63.

1885. — — —   Granger. Moll. de France, p. 78, pl. VII, fig. 6.

1886. — — —   Hidalgo, Catal. Mol. Bayona de Galicia, Revista de Ciencias, XXI, p. 411.

1886. — — —   Simpson, Contrib. Moll. of Florida, Proc. Davenport Acad. of Nat. Sc., V, p. 50.

1886. *Purpura (Stramonita) hœmastoma* Lin.   Furtado, Catal. gen. Moll. Mus. Lisboa, p. 32 (excl. var. plur.).

1886. *Purpura (Stramonita) consul* Chemn.   Furtado, ibid., p. 31.

1887. *Purpura hœmastoma* Lin.   Sowerby, Illustr. Index of Brit. Shells, 2ᵈ edit., pl. XXVI, fig. 28 (Guernsey).

1887. — — —   Kobelt, Icon. d. europ. schalentrag. Meeresconch. I, p. 23, pl. V, fig. 1; pl. VII, fig. 1-2; var. *calva* : pl. VII, fig. 3-4; var. *gracilior* : pl. VI, fig. 1; *barcinonensis.*

1887. — — —   Nobre, Rem. Faune malac. mar. Afr. Occid., p. 7.

1888. *Purpura hœmastoma* Lin. KOBELT, Prodr. Faunæ, Moll. test. maria europ. inhab., p. 11 (et var. *calva, gracilior*).

1888. — — — SCHEPMAN, Zool. res. in Liberia, Notes of the Leyden Mus., X, note XXIII, p. 251.

1888. — — — MARTORELL, Catal. Mus. Martorell, p. 11.

1888. — — — NORMAN, Mus. Normanianum, p. 12.

1888. — *Hœmastoma* Lin. MACARÉ, Catal. Collect. Macaré, p. 42.

1889. — *hœmastoma* — NOBRE, Contrib. Fauna mal. Madeira, p. 15 (Funchal).

1889. — — — DAUTZENBERG, Contrib. Faune Malac. Açores, p. 38; pl. II, fig. 5 (embryon).

1890. — *(Stramonita) hœmastoma* Lin. DAUTZENBERG, Récoltes Culliéret, Mém. Soc. Zool. Fr., p. 166 (Rufisque).

1890. *Purpura (Thalessa) hœmastoma* Lin. RÖMER, Catal. Conch. Samml. Mus. Wiesbaden, p. 33.

1890. *Purpura hœmastoma* Lin. WATSON, Mar. Moll. of Madeira, Journ. of Conch., p. 376.

1891. — *(Stramonita) hœmastoma* Lin. DAUTZENBERG, Voyage « Mélita », Mém. Soc. Zool. Fr., p. 41 (Dakas, Gorée, Rufisque).

1893. *Purpura hœmastoma* Lin. STEARNS, W. Afr. Moll., Proc. U. S. N. Mus., p. 330 (excl. synon. *Forbesi* Dkr. et *undata* Lk.).

1894. — *(Stramonita) hœmastoma* Lin. HORST et SCHEPMAN, Catal. Moll. Mus. Pays-Bas, p. 150 (Guinée, Libéria, Méditerranée).

1896. *Purpura hœmastoma* Lin. ELERA, Catal. Collect. Univ. Manilla, p. 29 (excl. synon. plur.).

1896. — — — LACAZE-DUTHIERS, Arch. de Zool. expér. et gén., 3ᵉ série, IV, pp. XVII et suiv.

1897. — — — WATSON, Mar. Moll. of Madeira, p. 306.

1897. — — — DAUTZENBERG, Atlas de poche, p. 9, fig. 36.

1897. *Purpura hœmastoma* Lin. Richard et Neuville, Sur l'Hist. nat. de l'île d'Alboran, Mém. Soc. Zool. Fr., p. 84.

1898. — — — Mabille, Notitiæ Malac., Bull. Soc. Philom. Paris, p. 94.

1898. — — — Dedekind, Ein Beitrag zur Purpurkunde, p. 23, etc.

1898. — — — H. Fischer, Liste Moll. mar. Guéthary et St-Jean de Luz, Soc. Sc. Arcachon, p. 130.

1899. — (*Stramonita*) *hœ-mastoma* Lin. Sowerby et Fulton, Catal. of mar. Gastrop., p. 3.

1899. *Purpura hœmastoma* Lin. Granger, Moll. test. mar. des côtes médit. de France, p. 21.

1899 — — — Norman, Revis. of Brit. Moll., Ann. a. Mag. of Nat. Hist., 7th ser., IV, p. 148.

1899. *Buccinum* — — Sherborn, Index Linnæanus, p. 13.

1902. — — — Sherborn, Index Animalium, p. 445.

1902. *Purpura* — — Bénard, Album de coupes de coq., pl. I, fig. 6, 6.

1903. — — — Font y Sagué, Mol. rec. en Rio de Oro, Bol. Soc. Esp. de Hist. Nat., p. 210.

1903. — — — de Zulueta, Contrib. fauna malac. mar. de Vilassar de Mar., p. 2.

1906. — — — Hidalgo, Catal. Mol. mar. Santander, p. 6.

1907. — (*Stramonita*) *hœ-mastoma* Lin. Lamy, Coq. rec. par Gravier à S. Thomé, Bull. Mus. Hist. Nat. n° 2, p. 147.

1908. *Purpura* (*Stramonita*) *hœ-mastoma* Lin. Lamy, Coq. mar. rec. par Chevalier en Afr. Occid., Bull. Mus. Hist. Nat. n° 6, p. 286.

1909. *Purpura hœmastoma* Lin. Hidalgo, Enum. Mol. rec. por la Comis. expl. de Marrueccos, Boll. R. Soc. Esp. de Hist. Nat., p. 212 (Melilla, Chafa-rinas).

1909. *Purpura hœmastoma* Lin. COUFFON et SURRAULT, Catal. Collect. Letourneux, p. 72.

1910.   —   —   — HIDALGO, Mol. de la Guinea Española, Mem. R. Soc. Esp. de Hist. Nat., p. 513 (avec 13 variétés).

1910.   —   —   — HIDALGO, Noticias sobre alg. Mol. de España, p. 1 (avec 13 variétés).

1910.   —   —   — DAUTZENBERG, Contrib. Faune Afr. Occid., I, p. 66.

1911.   —   —   — HIDALGO, Mol. mar. Cadiz, p. 9.

1911.   — (*Stramonita*) *hœmastoma* Lin.   G. DOLLFUS, Les coq. du Quatern. du Sénégal, p. 32, pl. I, fig. 27.

1912. *Purpura (Stramonita) hœmastoma* Lin.   DAUTZENBERG, Mission Gruvel, p. 38.

1912. *Purpura hœmastoma* Lin. PALLARY, Moll. mar. de Syrie, p. 2.

1912.   —   —   — PALLARY, Catal. Moll. du littoral égyptien, Mém. Institut égyptien, p. 103.

1914.   —   —   — TOMLIN et SHACKLEFORD, Mar. Moll. of S. Thomé, Journ. of Conch., XIX, p. 247.

1914.   —   —   — PALLARY, Liste Moll. Golfe de Tunis, Bull. Soc. Hist. Nat. Afr. du Nord, p. 17.

1917.   —   —   — DAUTZENBERG, Liste Moll. mar. rec. par G. Lecointre sur le litt. océan. du Maroc, Journ. de Conch., LXIII, p. 67.

1918.   —   —   — LAMY, Purpura déterm. par Blainville dans la Collect. du Muséum, Bull. Mus. Hist. Nat. nos 5, 6, p. 425.

HABITAT. — Duala. (22 exemplaires.)

La hauteur de la spire varie beaucoup chez les spécimens envoyés par M. FOURNEAU.

Le *P. hœmastoma* est difficile à délimiter, non seulement à cause de sa grande variabilité dans les mêmes localités, mais aussi parce

que son extension géographique considérable a produit de nombreuses modifications régionales. Il y aurait une étude très intéressante à faire sur le groupe auquel appartient ce Mollusque,
mais il faudrait, pour obtenir un résultat satisfaisant, posséder des
matériaux plus nombreux que ceux que nous avons à notre
disposition.

TRYON, dans son Manuel, a singulièrement compliqué la synonymie du *P. hæmastoma* en séparant le *P. consul*, qui n'en est
qu'une variété, et en considérant, au contraire, comme des variétés
des coquilles tout à fait différentes, telles que *P. Janelli* KIENER;
P. viverratoides D'ORB. (= *Tritonidea sulcata* GMELIN); *P. Blain-
villei* DESHAYES (= *P. callaoensis* D'ORB., non GRAY) et *P. Forbesi* DUNKER.

Le *P. barcinonensis* HIDALGO, dont nous possédons un co-type
dans la collection du « Journal de Conchyliologie », est une variété
de *P. hæmastoma* qui a beaucoup d'affinité avec le *P. floridana*
CONRAD, des Indes Occidentales.

Purpura (Thalessa) nodosa LINNÉ.

1684. *Cochlea murici similis*, etc.	BONANNI, Recr. mentis et oculi, III, p. 134, fig. 174.
1865. *Buccinus brevi-rostris, la-brosum*, etc.	LISTER, Hist. Conch., pl. CMXC, fig. 50.
1742. *Nerita ponderosa, tuberosa*	GUALTIERI, Index Test., pl. LXVI, fig. BB.
1743. *Cassis quae Buccinum la-brosum*, etc.	HEBENSTREIT, Mus. Richterianum, p. 315 (réf. : Lister, pl. CMXC).
1753. *Galea Muricata, bimacu-lata*, etc.	KLEIN, Tent. method. ostrac., p. 58, n° 7.
1758. *Nerita nodosa*	LINNÉ, Syst. Nat., edit. X, p. 777.
1767. *Mure blanche, ventrue*, etc.	DAVILA, Catal. Syst., I, p. 165.
1769. *Murex Neritoideus*	LINNÉ, Syst. Nat., edit. XII, p. 1219. (= *Nerita nodosa*.)

1777. *Murex Moega* Martini (ex parte), Conch. Cab. III, p. 270, pl. C, fig. 959-960.

1778. — *neritoideus* Lin. Born, Index rer. nat. Mus. Cæs. Vindob., p. 302.

1780. — — — Born, Test. Mus. Cæs. Vindob., p. 303.

1786. *Die Maulbeere* Kæmmerer, Conch. Cab. v. Schwartzb. Rudolst., p. 108. (= *M. neritoideus* L.)

1789. *Murex neritoideus* Lin. Karsten, Mus. Leskeanum, p. 255.

1790. — — — Gmelin, Syst. Nat., edit. XIII, p. 3537.

1790. — *Fucus* Gmelin, Syst. Nat., edit. XIII, p. 3538.

1797. *Haustrum notatum* Hwass, Mus. Calonnianum, p. 30 (= *Murex neritoideus* Lin.).

1817. *Murex neritoideus* Lin. Dillwyn, Descr. Catal. II, p. 706.

1822. *Purpura neritoides* — Lamarck, Anim. sans vert., VII, p. 240.

1824. — — — Dubois, Epitome of Lamarck's Arr., p. 256.

1825. — — — Dubois, Ibid., p. 256.

1825. — — — Blainville, Manuel de Malac., p. 413.

1825. — — — Sowerby, Catal. Tankerville, p. 71.

1825. — *Fucus* Gmel. Wood, Index testac., p. 124, pl. XXVI, fig. 49.

1825. — — — Franco, Catal. Collect. Conch. Batalha, p. 15.

1827. — *neritoidea* Lin. Sowerby, Catal., vente du 30 mai, p. 12.

1828. *Murex neritoides* — Sowerby, Catal., vente du 5 juin, p. 9.

1828. — — — Sowerby, Catal., vente du 6 juin, p. 17.

1828. — — — Sowerby, Catal., vente du 7 juin, p. 25.

1830. *Purpura fucus* Gmel. Sowerby, Genera of Shells, I, fig. 7.

1832. — *neritoides* Lin. Deshayes, Encycl. Méthod., III, p. 842.

1836. — — — Kiener, Icon. Coq. viv., p. 87, pl. XXII, fig. 62, 62.

1839. — — — Jay, Catal. of Shells, p. 85.

1839. — *fucus* Gmel. Anton, Verzeichniss, p. 90 (= *neritoides* Lamk.)

1840. *Purpura neritoides* Lin. HANLEY, The young Conchologist's Book of Shells, p. 104.

1840. — — — PFEIFFER, Krit. Reg. Conch. Cab., p. 26 (pl. C, fig. 959, 960).

1842. — — — HANLEY, The Conchologist's Book of Species, p. 104.

1842. — *neritoidea* — REEVE, Conchol. Syst., II, p. 221, pl. CCLX, fig. 7.

1842. — *fucus* REEVE, Ibid., pl. CCLX, fig. 7.

1842. *Buccinum (Purpura) neritoides* Lin. REICHENBACH, Land., Süssw.- und See-Conchylien, p. 68, pl. XLI, fig. 571.

1844. *Purpura neritoides* Lin. LAMARCK, Anim. sans vert., édit. Deshayes, X, p. 70 (note).

1845. — — — CATLOW et REEVE, Conchol. Nomencl. p. 272.

1846. — *neritoidea* — REEVE, Conch. Icon., pl. III, fig. 12 (S.-Vincent du Cap-Vert).

1852. — — — JAY, Catal. of Shells, 4th edit., p. 353.

1852. — *nodosa* — MÖRCH, Catal. Yoldi, I, p. 88.

1853. — *neritoidea* — DUNKER, Ind. Moll. Guin., p. 20 (Benguela, S.-Vincent.).

1853. — *neritoides* — MENKE, Conch. von St-Vincent, Zeitschr. für Malakoz., p. 73,

1854. — *nodosa* — MÖRCH, Catal. Hencks, p. 17.

1855. *Murex neritoideus* — HANLEY, Ipsa Linn. Conch., p. 294.

1857. *Purpura Neritoidea* — GRÜNER, Catal. Collect. Grüner, p. 41.

1857. — *neritoidea* — GRAY, Syst. Arr. of Moll., p. 20.

1858. — — — KÜSTER, Conch. Cab., 2e édit., p. 199, pl. XXXIII, fig. 2.

1860. — *neritoides* — DESLONGCHAMPS, Catal. Moll., rec. par le « Rapide », p. 55.

1863. — *nodosa* — MÖRCH, Catal. Lassen, p. 17.

1865. — *neritoides* — MARRAT, Catal. Collect. Dennison, p. 4.

1865. *Purpura neritoides* Lin. REIBISCH, Capverd. Moll., Malakoz., Blätter, p. 129.

1874.   —   —   —   FRIDRICI, Catal. Collect. Conch. Mus. Metz, p. 144.

1876.   —   *neritoidea*   —   ROETERS VAN LENNEP, Catal. Collect., p. 3.

1878.   —   *neritoides*   —   G. R. BATALHA, Catal. Collect., F. R. Batalha, p. 87.

1878. *Purpura (Tribulus) nodosa* Lin. KOBELT, Illustr. Conchylienb., p. 49, pl. XIII, fig. 5.

1878. *Murex neritoideus* Lin. BRAUER, Bemerk. über Born's Test. Mus. Cæs. Vindob., Sitzungsber. d. K. Akad. d. Wissensch., LXXVII, p. 50.

1880. *Purpura neritoidea*   —   TRYON, Manual of Conch., II, p. 165, pl. XLVIII, fig. 69, 72, 73.

1883.   —   —   —   KÖNNECKE, Catal. Conch. Samml., p. 6.

1884.   —   —   —   GRASSET, Index Test. viv., p. 9.

1884.   —   *neritoides*   —   TAUSCH, Capverd. Conch., Jahrb. d. D. Malakoz. Ges., XI, p. 183.

1886.   —   *(Thalessa) neritoidea* Lin. FURTADO, Catal. Collect. Conch. Mus. Lisboa, p. 30.

1887. *Purpura (Thalessa) neritoidea* Lin. PÆTEL, Catal. Conch. Samml., I, p. 139.

1887. *Purpura (Thalessa) neritoidea* Lin. NOBRE, Rem. Fauna malac. mar. Afr. Occid., Journ. Ar. Sc. Lisboa, p. 118 (S. Thomé).

1888. *Purpura (Thalessa) neritoidea* Lin. MARTORELL, Catal. Mus. Martorell, p. 12 (Fernando-Po).

1888. *Purpura Neritoidea* Lin. MACARÉ, Catal. Collect. Macaré, p. 42.

1888.   —   *neritoides*   —   SCHEPMAN, Zool. res. in Liberia, Notes of the Leyden Museum, X; Note XXII, p. 251.

1890. *Purpura (Tribulus) neri-*
     toidea Lin.
     Römer, Catal. Conch. Samml. Mus.
     Wiesbaden, p. 32.

1891. *Purpura neritoides* Lin. Barclay, Catal. Collect. Barclay, p. 15.

1893. — *neritoidea* — Stearns, W. Afr. Moll., Proc. U. S.
     Nat. Mus., p. 331.

1894. — *(Planithaïs) neri-*
     toidea Lin.
     Horst et Schepman, Catal. Moll. Mus.
     Pays-Bas, p. 148 (Libéria, Guinée).

1899. *Purpura (Purpura) neri-*
     toidea Lin.
     Sowerby et Fulton, Catal. of mar.
     Gastrop., p. 4.

1899. *Murex neritoideus* Lin. Sherborn, Index Linnæanus, p. 62.

1899. *Nerita nodosa* — Sherborn, Ibid., p. 64.

1902. — — — Sherborn, Index Animalium, p. 669.

1902. *Murex neritoideus* — Sherborn, Ibid., p. 652.

1902. *Purpura neritoida* — Bénard, Album de coupes de coq., pl. I,
     fig. 7, 7.

1907. *Purpura (Thalessa) neri-*
     toidea Lin.
     Lamy, Coq. rec. par Gravier à S. Thomé,
     Bull. Mus. Hist. Nat., n° 2, p. 147.

1909. *Purpura neritoidea* Lin. Couffon et Surrault, Catal. Collect.
     Letourneux, p. 72.

1910. — *Neritoides* — Hidalgo, Mol. de la Guinea Española,
     Mem. R. Soc. Esp. de Hist. Nat., p. 513.

1912. — *(Thalessa) nodo-*
     sa Lin.
     Dautzenberg, Mission Gruvel, p. 39.

1914. *Purpura nodosa* Lin. Tomlin et Shackleford, Mar. Moll.
     of S. Thomé, Journ. of Conch., XIV,
     p. 247.

Habitat. — Duala. (4 exemplaires.)

Linné, après avoir attribué à cette espèce, dans la 10° édition du
« Systema Naturæ », le nom de *Nerita nodosa*, lui a substitué celui

de *Murex neritoideus* dans la 12ᵉ édition. Mais, d'après le code de Nomenclature, la translation d'une espèce d'un genre dans un autre ne peut entraîner le changement du nom spécifique. Il est donc nécessaire de reprendre le nom *nodosa*.

Le nombre des points noirs sur le bord columellaire varie de un à trois. Ces points sont tantôt d'égale grandeur, tantôt plus ou moins inégaux.

Var. **Ascensionis** Quoy et Gaimard.

1777. *Murex Moega*	Martini (ex parte), Conch. Cab., III, p. 270, pl. C, fig. 961-962.
1833. *Purpura Ascensionis*	Quoy et Gaimard, Voyage « Astrolabe », I, p. 559, pl. XXXVII, fig. 20, 23.
1840. — — Q. et G.	Pfeiffer, Krit. Reg. Conch., Cab., p. 26 (pl. C, fig. 961-962).
1880. *Purpura (Thalessa) neritoidea* Lin var. *Ascensionis* Q. et G.	Tryon, Man. of Conch., Struct. a. Syst., II, p. 165, pl. XLVIII, fig. 69, 73.
1886. *Purpura (Thalessa) neritoides* Lin var. *Ascensionis* Q. et G.	Furtado, Catal. gen. Moll. Mus. Lisboa, p. 30.
1890. *Purpura ascensionis* Q. et G.	E. A. Smith, Mar. Moll. of Ascension Isle, Proc. Zool. Soc. of London, p. 318.

Cette variété ne figure pas dans les envois de M. Fourneau. Elle se distingue du *nodosa* typique, non seulement par l'absence de tubercules, mais encore par les nombreux cordons décurrents bruns qui ornent sa surface. Les taches du bord columellaire sont les mêmes que chez le *nodosa*. Nous possédons un exemplaire qui en a cinq.

Cypræa stercoraria Linné.

1685. *Concha Veneris ex viridi fuscescens*	Lister, Hist. Conch., pl. DCLXXXVII, fig. 34 (Jamaïque).
1742. *Porcellana fimbriata*, etc.	Gualtieri, Index Test., pl. XV, fig. T (mala).
1757. *Cypræa Majet*	Adanson, Voyage au Sénégal, p. 65, pl. V, fig. 1A, 1B, 1C.
1758. — *stercoraria*	Linné, Syst. Nat., edit. X, p. 719.
1767. — —	Linné, Ibid., XII, p. 1174.
1767. *Lapin gris bleuâtre à coque mince*	Davila, Catal., I, p. 268.
1769. *Porcellana Cuniculus*	Martini, Conch. Cab., I, p. 400, pl. XXXI, fig. 332.
1770. *Concha Veneris ex viridi fuscescens*	Lister, Hist. Conch., édit. Huddesford, pl. DCLXXXVII, fig. 34.
1770. *Porcelaine à bosse*	Knorr, Délices des yeux, IV, p. 25, pl. XIII, fig. 1.
1775 *Lapin* ou *Porcelaine à bec de lièvre*	Favart d'Herbigny, Dict. d'Hist. Nat., II, p. 221.
1778. *Cypræa tumulosa*	Meuschen, Index Mus. Gronoviani, p. 106.
1778. *stercoraria* Lin.	Born, Index rer. nat. Mus. Cæs. Vindob., p. 160.

1780. *Cyprœa stercoraria* Lin. BORN, Test. Mus. Cæs. Vindob., p. 175,
            pl. VIII[11], fig. 1.

1782.   —   —   — SCHRÖTER, Mus. Gottwaldianum, pl. III,
            fig. 10[a], 10[b].

1783.   —   —   — SCHRÖTER, Einleit. in die Conchylienk., I,
            p. 99, pl. I, fig. 5.

1786 *Schlangenkopf mit sehr
      hohem Rücken* KÆMMERER, Conch. Cab. Schwarzburg
            Rudolstadt, p. 49.

1787. *Porcellana Gibber* MEUSCHEN, Mus. Geversianum., pp. 406-407.

1788. *Cyprœa testa subturbi-
      nata, gibba* CHEMNITZ, Conch. Cab., X, p. 98, pl. CXLIV,
            fig. 1332.

1788. *Cyprœa cauteriata* CHEMNITZ, Ibid., p. 99, pl. CXLIV, fig. 1333.

1788.   — *fasciata* CHEMNITZ, Ibid., p. 100, pl. CXLIV,
            fig. 1334.

1789.   — *stercoraria* Lin. KARSTEN, Mus. Leskeanum, p. 201, pl. III,
            fig. III[a], III[b].

1790.   —   —   — GMELIN, Syst. Nat., edit. XIII, p. 3399.

1790.   — *gibba* GMELIN, Ibid., p. 3403 (réf. Lister,
            pl. DCLXIII, fig. 9, 7).

1790.   — *conspureata* GMELIN, Ibid., p. 3405 (réf. Born, pl. VIII,
            fig. 1).

1790.   — *fasciata* GMELIN, Ibid., p. 3406 (réf. Chemnitz,
            pl. CXLIV, fig. 1334).

1790.   — *olivacea* GMELIN, Ibid., p. 3408 (réf. Martini,
            pl. XXXI, fig. 332).

1795.   — *stercoraria* Lin. CHEMNITZ, Conch. Cab., XI, p. 36,
            pl. CLXXX, fig. 1739, 1740)

1797. ENCYCLOPÉDIE MÉTHOD., pl. CMLIV.
            fig. 5; pl. CCCLI, fig. 4.

1797. *Cyprœa Grumulus* HWASS, Mus. Calonnianum, p. 8 (= *ster-
            coraria* Lin.).

1817.   — *stercoraria* Lin. DILLWYN, Descr. Catal., I, p. 441.

1820.   — *Stercoraria* — WOODARCH, Introd. to Conch., p. 58.

1822.   —   —   — MAWE in WOODARCH, Introd. to Conch.,
            2e édit., p. 58.

1822.   — *stercoraria* — LAMARCK, Anim. sans vert., VII, p. 380.

1822.   — *rattus* LAMARCK, Ibid., p. 380.

1824. *Cyprœa rattus* Lamk. Dubois, Epitome of Lamarck's Arr., p. 288.
1824. — *stercoraria* Lin. Dubois, Ibid., p. 288.
1825. — — — Dubois, Ibid., p. 288.
1825. — *rattus* Lamk. Dubois, Ibid., p. 288.
1825. — *Stercoraria* Lin. Mawe in Woodarch, Introd. to Conch., 3ᵉ édit., p. 77
1825. — — — Franco, Catal. Collect. Conch. Batalha, p. 8.
1825. — *stercoraria* — Gray. Zool. Journ., I, pp. 80, 137.
1825. — — — Wood, Index testac., p. 79, pl. XVI, fig. 7 (mala).
1825. — — — Sowerby, Catal. Tankerville, p. 83.
1827. *Cyprea Stercoraria* — Raye, Catal. Coll. Raye, p. 128.
1828. *Cyprœa stercoraria* — Sowerby, Catal. vente du 5 mars, p. 4.
1828. — — — Sowerby, Catal. vente du 1ᵉʳ mai, p. 6.
1828. — *Rattus* Lamk. Sowerby, Catal. vente du 4 juin, p. 3.
1828. — *rattus* — Sowerby, Catal. vente du 5 juin, p. 9.
1828. — *Rattus* — Sowerby, Catal. vente du 7 juin, p. 25.
1832. — *stercoraria* Lin. Deshayes, Encycl. Méthod., II, p. 819.
1837. — — — Sowerby, Conchol. Illustr., fig. 167.
1838. — — — Potiez et Michaud, Galerie de Douai, I, p. 482.
1838. — *rattus* Lamk. Potiez et Michaud, Ibid., p. 485.
1839. — — — Jay, Catal. of Shells, p. 96.
1839. — *stercoraria* Lin. Jay, Ibid., p. 96.
1839. — — — Anton, Verzeichniss, p. 98 et var. *rattus* Lamk.
1840. — — — Pfeiffer, Krit. Reg. Conch. Cab., p. 103 (pl. CLXXX, fig. 1739, 1740).
1840. — — γ Gmel. Pfeiffer, Ibid., p. 93 (pl. CXLIV, fig. 1332).
1840. — — ε — Pfeiffer, Ibid., p. 93 (pl. CXLIV, fig. 1333).
1840. — *fasciata* — Pfeiffer, Ibid., p. 93 (pl. CXLIV, fig. 1334), = *stercoraria* juv.
1842. — *stercoraria* Lin. Reichenbach, Land.-, Süssw.- und See-Conch., p. 54.
1844. — — — Lamarck, Anim. sans vert., édit. Deshayes, X, p. 499.
1844. — *rattus* Lamk. Lamarck, Ibid., p. 498.

1845. *Cypræa stercoraria* Lin. REEVE, Conch. Icon., pl. V, fig. 15.

1845. — — — KIENER, Icon. Coq. viv., p. 109, pl. XII, fig. 1.

1846. — *rattus* Lamk. KIENER, Ibid., p. 108, pl. II, fig. 1, 1 et juv.; fig. 2, 2.

1847. — *stercoraria* Lin. GRAY, List of gen. of rec. Moll., Proc. Zool. Soc of Lond., p. 142.

1850. — — — MÖRCH, Catal. Kierulf, p. 12.

1852. — — — MÖRCH, Catal. Yoldi, I, p. 114.

1852. — — — JAY, Catal. of Shells, 4th edit., p. 393.

1852. — *rattus* Lamk. JAY, Ibid., p. 392.

1852. — *Stercoraria* Lin. MEDER, Catal. Collect. Meder, p. 41.

1852. — *Rassus* MEDER, Ibid., p. 41.

1853. — *rattus* Lamk. JOHNSTON, Einleit., p. 513.

1854. — *stercoraria* Lin. MÖRCH, Catal. Hencks, p. 14.

1855. — — — HANLEY, Ipsa Linn. Conch., p. 182.

1855. — — — BERGE, Conchylienbuch, p. 245.

1856. — — — WOOD, Index testac., édit. Hanley, p. 87, pl. XVI, fig. 7.

1857. — — — GRAY, Guide to the Syst. Distrib., I, p. 71.

1857. — *Stercoraria* — GRÜNER, Catal. Collect. Grüner, p. 47.

1858. — *stercoraria* — P. FISCHER et BEAU, Catal. Coq. Guadeloupe, p. 485.

1858. *Aricia* — — H. et A. ADAMS, Gen. of rec. Moll., I, p. 265.

1863. *Cypræa* — — MÖRCH, Catal. Lassen, p. 13.

1865. — — — MARRAT, Catal. Collect. Dennison, p. 12.

1865. — — — BIELZ, Catal. Collect. Bielz, p. 8.

1870. — — — SOWERBY, Thes. Conch., IV, p. 18, pl. XVI, fig. 96, 97, 98.

1874. — — — FRIDRICI, Catal. Collect. Conch. Mus. Metz, p. 153.

1874. — *rattus* Lamk. FRIDRICI, Ibid., p. 153.

1876. — — — ROETERS VAN LENNEP, Catal. Collect., p. 27.

1876. — *stercoraria* Lin. ROETERS VAN LENNEP, Ibid., p. 26.

1878. *Cyprœa stercoraria* Lin. BRAUER, Bemerk. über Born's Mus. Cæs. Vindob., Sitzungsb. d. k. Akad. der Wissensch., LXXVII, p. 34.

1878. — *Stercoraria* — G. R. BATALHA, Catal. Collect. F. R. Batalha, p. 34.

1878. — *Rattus* Lamk. G. R. BATALHA, Ibid., p. 34.

1878. — *(Mauritia) stercoraria* Lin. KOBELT, Illustr. Conchylienb., p. 110.

1881. *Cyprœa stercoraria* Lin. WEINKAUFF, Conch. Cab., 2e édit., p. 5, pl. I, fig. 3, 4 ; pl. VI, fig. 7, 8.

1884. — — — GRASSET, Index test. viv , p. 60.

1884. *Trona* — — JOUSSEAUME, Étude Fam. des Cypræidæ, Bull. Soc. zool. Fr., IX, p. 90.

1885. *Cyprœa* — — ROBERTS *in* TRYON, Manual of Conch., VII, p. 175, pl. IX, fig. 27, 28.

1887. — *(Aricia) stercoraria* Lin. PÆTEL, Catal. Conch. Samml., 1, p. 321 et var. *cauteriata, conspurcata, fasciata, gibba, rattus.*

1888. *Cyprœa stercoraria* Lin. MARTORELL, Catal Mus. Martorell, p. 24 (Ile Corsico).

1888. — — — SCHEPMAN, Zool. res. in Liberia, Notes of the Leyden Mus., X, Note XXIII, p 251.

1888. — *Stercoraria* — MACARÉ, Catal. Collect. Macaré, p. 49.

1891. — *stercoraria* — BARCLAY, Catal. Collect. Barclay, pp. 8, 28, 51, 61.

1899. — — — SOWERBY et FULTON, Catal. mar. Gastrop., p. 28 et var. *rattus* Lamk.

1899. — *(Luponia) stercoraria* Lin. HORST et SCHEPMAN, Catal. Moll. Mus. Pays-Bas, p. 99 et var. *rattus* Lamk. (Guinée, Angola).

1899. *Cyprœa stercoraria* Lin. SHERBORN, Index Linnæanus, p. 30.

1902. — — — SHERBORN, Index Animalium, p. 929.

1902. — *conspurcata* Gm. SHERBORN, Ibid., p. 240.

1902. — *fasciata* — SHERBORN, Ibid., p. 351.

1902. — *gibba* — SHERBORN, Ibid., p. 417.

1902. — *olivacea* — SHERBORN, Ibid., p. 693.

1907. *Cypræa stercoraria* Lin. HIDALGO, Monogr. G. Cypræa, p. 520.

1908. — — — LAMY, Coq. rec. par Chevalier en Afr. Occid., Bull. Mus. Hist. Nat. p. 519.

1909. — (*Aricia*) *sterco-ria* Lin. var. *rattus* Lamk. COUFFON et SURRAULT, Catal. Collect. Letourneux, p. 106.

1910. *Cypræa stercoraria* Lin. HIDALGO, Moll. de la Guinea Española, Mem. R. Soc. Esp. de Hist. Nat., p. 519.

1912. — — — DAUTZENBERG, Mission Gruvel, p. 39.

1914. — — — TOMLIN et SHACKLEFORD, Mar. Moll. of S. Thomé, Journ. of Conch., XIV, p. 247.

HABITAT. — Duala. (12 exemplaires de différentes tailles.)

Comme la plupart des *Cypræa*, le *C. stercoraria* varie beaucoup sous le rapport de la taille. Nous possédons un exemplaire bien adulte qui n'a que 34 millimètres de longueur tandis qu'un autre atteint 99 millimètres. M. HIDALGO, dans sa belle monographie du genre *Cypræa* indique comme dimensions extrêmes 34 et 79 millimètres.

Cypræa (Luponia) zonata (CHEMNITZ) SCHRÖTER.

1788. *Cypræa zonata* CHEMNITZ, Conch. Cab., X, p. 107, pl. CXLV, fig. 1342.

1788. — — Chemn. SCHRÖTER, Index Conch. Cab., p. 28.

1790. — *zonaria* GMELIN, Syst. Nat., édit. XIII, p. 3414.

1817. — *zonata* Chemn. DILLWYN, Descr. Catal., I, p. 454.

1820. — *zonaria* Gm. WOODARCH, Introd. to Conch., p. 59

1822. — — — MAWE *in* WOODARCH, Introd. to Conch., 2e édit., p. 79.

1822. — *zonata* Chemn. LAMARCK, Anim. sans vert., VII, p. 386 (Guinée).

1824. — — — DUBOIS, Epitome of Lamarck's Arr., p. 288.

1825. — — — DUBOIS, Ibid., p. 288.

1825. — — — SOWERBY, Catal. Tankerville, p. 83.

1825. *Cypræa zonata* Chemn. GRAY, Zool. Journ., I, p. 388, pl. VII, XII, fig. 8.

1825. — *maculata* GRAY, Ibid., p. 389 (teste ipso)

1825. — *zonaria* Gm. MAWE *in* WOODARCH, Introduct. to Conch., 3ᵈ edit., p. 78.

1825. — — — WOOD, Index testac., édit. Hanley, p. 82, pl. XVII, fig. 34.

1828. — *zonata* Chemn. SOWERBY, Catal. vente du 5 juin, p. 13.

1828. — — — SOWERBY, Catal. vente du 6 juin, p. 16.

1832. — — — DESHAYES, Encycl. Méthod., III, p. 823.

1836. — — — SOWERBY, Conchol. Illustr., fig. 79.

1839. — — — JAY, Catal. of Shells, p. 97.

1840. — — — PFEIFFER, Krit. Reg. Conch. Cab., p. 93 (pl. CXLV, fig. 1342.)

1844. — — — LAMARCK, Anim. sans vert, édit. Deshayes, X, p. 510.

1845. — — — REEVE, Conch. Icon., pl. XIII, fig. 58.

1845. — — — CATLOW et REEVE, Conch. Nomencl., p. 313.

1847. — — — KIENER, Icon. Coq. viv., p. 19, pl. XLVIII, fig. 1, 1 et juv. flg. 1ᵃ.

1852. — — — JAY, Catal. of Shells, 4ᵗʰ edit., p. 394.

1852. — — — MÖRCH, Catal. Yoldi, I, p. 116.

1854. — — — MÖRCH, Catal. Hencks, p 15.

1856. — *zonaria* Gm. WOOD, Index testac., édit. Hanley. p. 89, pl. XVII, fig. 34.

1857. — *zonata* Chemn. GRÜNER, Catal. Collect. Grüner, p. 47.

1858. *Luponia* — — H. et A. ADAMS, Gen. of rec. Moll., I, p. 267.

1865. *Cypræa* — — MARRAT, Catal. Collect. Dennison, p. 8.

1865. — — — BIELZ, Catal. Collect. Bielz, p. 8.

1870. — — — SOWERBY, Thes. Conch., IV, p. 23, pl. XVIII, fig. 126-127.

1881. — — — WEINKAUFF, Conch. Cab., 2ᵉ édit., p. 83, pl. XXIV, fig. 5, 8, 9, 12; pl. II, fig. 8.

1883. — — — KÖNNECKE, Catal. Conch. Samml. p. 15 (Gambie).

1884. *Cyprœa zonata* Chemn. GRASSET, Index Test. viv., p. 60.
1884. *Zonaria* — — JOUSSEAUME, Étude Fam. Cyprædæ, Bull. Soc. Zool. Fr , IX, p. 93.
1885. *Cyprœa* — — ROBERTS *in* TRYON, Manual of Conch., VII, p. 186, pl. XV, fig. 11, 22, 23 (embouchure de la Gambie).
1887. — (*Luponia*) *zonata* Chemn. PÆTEL, Catal. Conch. Samml., I, p. 322.
1888. *Cyprœa zonata* Chemn. MARTORELL, Catal. Mus. Martorell, p. 24.
1888. — *Zonata* — MACARÉ, Catal. Collect. Macaré, p. 49.
1891. — *zonata* — BARCLAY, Catal. Collect. Barclay, pp. 28, 51.
1899. — — — SOWERBY et FULTON, Catal of mar. Gastrop., p. 28.
1899. — (*Luponia*) *zonata* Chemn. HORST et SCHEPMAN, Catal. Moll. Mus. Pays-Bas, p. 202 (Angola, Guinée).
1907. *Cyprœa zonata* Chemn. HIDALGO, Monogr. G. Cypræa, p. 569.
1908. — — — LAMY, Coq. mar. rec. par Chevalier en Afr. Occid., Bull. Mus. Hist. Nat. n° 6, p. 286.
1909. — (*Luponia*) *zonata* Chemn. COUFFON et SURRAULT, Catal. Coll. Letourneux, p. 107.
1910. *Cyprœa zonata* Chemn. HIDALGO, Mol. de la Guinea Española, Mem. R. Soc. Esp. de Hist. Nat., p. 520.
1910. — — — DAUTZENBERG, Contrib. Faune Afr. Occid., I, p. 69.
1911. — — — G. DOLLFUS, Les coq. quatern. du Sénégal, p. 33, pl. I, fig. 30, 31.
1912. — — — DAUTZENBERG. Mission Gruvel, p. 39.
1914. — — — TOMLIN et SHACKLEFORD, Mar. Moll. of S. Thomé, Journ. of Conch., XIV, p. 247.

HABITAT. — Duala. (1 exemplaire.)

PFEIFFER a dit à tort que la figure 1342 de CHEMNITZ représente peut être un jeune *C. arabica*, car il s'agit incontestablement du *C. zonata* tel que le comprennent les auteurs modernes.

Strombus bubonius Lamarck.

1684. *Murex alter auritus,* etc.	BONANNI, Recr. mentis et oculi, p. 156, III, fig. 306.
1685. *Buccinum B. majus,* etc.	LISTER, Hist. Conch., p. 860, fig. 17 (Jamaïque).
1753. *Lentigo tenuis,* etc.	KLEIN, Tentamen Meth. Ostrac., p. 100, sp. 259, n° 2, pl. VI, fig. 107.
1756. *Buccinum bilingue majus,* etc.	LESSER, Testaceotheologia, p. 359, Cap. 61 (hh.).
1757. *Purpura Kalan*	ADANSON, Voyage au Sénégal, Coquillages, p. 137, pl. IX, fig. 30.
1758. *Alata,* etc.	SEBA, Mus., p. 162, pl. LXI, fig. 6-8.
1758. *Alata lata*	SEBA, Mus., p. 163, pl. LXII, fig. 4-5.
1767. *Ailée couleur de chair,* etc.	MEUSCHEN, Mus. Leersianum, p. 55, n°ˢ 532, 533.
1767. *Ailée de la Jamaïque*	DAVILA, Catal. Syst. 1, p. 183, n° 318.
1768. *Limaçon à lambeau des Indes Occidentales*	KNORR, Délices des yeux, III, p. 36, pl. XVII, fig. 1.
1768. *Murex auritus*	WALCH, Die Naturgeschichte der Versteinerungen, II, p. 116, pl C, fig. 1, 2.
1770. *Strombus lengitinosus*	HUDDESFORD *in* LISTER, (non Linné), Hist. Conch. Index, p. 48.
1773. *Murex alter auritus,* etc.	BONANNI, Mus. Kircher II, p. 74, n° 307, pl. XXXIX, fig. 307.
1777. *Cochlis alata,* etc.	MARTINI, Conch. Cab. III, p. 127, pl. LXXXII, fig. 833-834.
1777. *Lentigo rosacea,* etc., *juvenilis*	MARTINI, Conch. Cab., III, p. 181, pl. XC, fig. 880 (très jeune).
1777. *Cochlis alata imperfecta,* etc.	MARTINI, Conch. Cab. III, p. 170, pl. XCI, fig. 893 (jeune).
1782. *An Strombi lentiginosi* Lin. var.?	SCHRÖTER, Mus. Gottwaldianum (non Linné), p. 28, pl. XVII, fig. 127.

1786. *Die knotige Alate,* etc.   KÄMMERER, Conch. Cab. v. Schwarzburg Rudolstadt, p. 97 (réf. Martini, fig. 833-834).

1790. *Strombus fasciatus*   GMELIN (non Born), Syst. Nat., édit. XIII, p. 3510.

1790. — *latus*   GMELIN, Syst. Nat., édit. XIII, p. 3520. (Réf. Seba, pl. LXIII, fig. 4, 5.).

1802. — *fasciatus* Gm.   BOSC (non Born), Hist. Nat. des Coq., IV, p. 252.

1820. — *Fasciatus* —   WOODARCH (non Born), Introd. to Conch., p. 75.

1822. — — —   MAWE *in* WOODARCH (non Born), Introd. to Conch., 2ᵉ édit., p. 99.

1822. — *dilatatus*   LAMARCK (non Swainson), Anim. sans vert., VII, p. 203

1822. — *bubonius*   LAMARCK, Anim. sans vert., VII, p. 203.

1824. — — Lamk. DUBOIS, Epitome of Lamarck's Arr.,p. 250.

1825. — — — DUBOIS, ibid., p. 250.

1825. — — — SOWERBY, Catal. Tankerville., p. 67.

1825. — *Fasciatus* Gm. MAWE *in* WOORDARCH (non Born), Introd. to Conch. 3ᵈ édit. p. 95.

1825. — *fasciatus* — WOOD (non Born), Index testac.,p. 117, pl. XXV, fig. 14. (W. Indies).

1827? — — — SOWERBY (non Born), Catal. vente du 31 janvier, p. 9.

1827. — — — RAYE (non Born), Catal. Collect. Raye, p. 142 (réf. : Conc. Cab., fig. 833, 834).

1827. — *coronatus* DEFRANCE, Dict. Sc. Nat., 124.

1827. — *cornutus* DEFRANCE, ibid, p. 124.

1828. — *bubonius* Lamk. SOWERBY, Catal. vente du 5 mars, p. 3.

1828. — *Bubonius* — SOWERBY, Catal. vente du 4 juin, p. 4.

1832. — *Mercati* DESHAYES, Exp. Sc. de Morée, III, p. 192. pl. 25, fig. 5, 6.

1832. — *bubonius* Lamk. DESHAYES, Encycl. Méthod., III, p. 989.

1838. — — POTIEZ et MICHAUD, Galerie de Douai, I, p. 453.

1839 — *dilatatus* — JAY (non Swainson), Catal. of Shells, p. 32 (Manille).

1839. *Strombus fasciatus* Gm. ANTON (non Born), Verzeichniss, p. 85 (= *bubonius* Lamk).

1840. — — a. — PFEIFFER, Krit. Rag. Conch. Cab., p. 24 (pl. XC.. fig. 880).

1840. — — a. — PFEIFFER, ibid., p. 25 (pl. XCI, fig. 803).

1840. — *bubonius* Lamk. PFEIFFER, ibid., p. 23.

1842. — *fasciatus* Gm. SOVERBY (non Born), Thes. Conch., I, p. 33, pl. X, fig. 104, 106 (Antilles).

1843. — *dilatatus* Lamk. LAMARCK (non Swainson), Anim. sans vert, édit. Deshayes, IX, p. 692.

1843. — *bubonius* LAMARCK, Anim. sans vert, édit. Deshayes, IX, p. 692.

1843. — — Lamk. KIENER, Icon, coq. viv., p. 10, pl. VI.

1844. — — — CHENU, Illustr. Conch. G. Stromb, p. 13, pl. XII, fig. 3, 4

1844? — *italicus* Duclos CHENU, ib.d., p. 14, pl. XX, fig. 5, 6.

1844. — *Mercati* Desh. CHENU, Illustr. Conch., G. Strombe, p. 14, pl. XVI, fig 7, 8

1844. — *latus* Gmelin CHENU, ibid. p. 14, pl. XIII, fig. 5-8.

1845. — *Mediterraneus* (Lamk. mss) CHENU, ibid., p. 13, pl. XXIX, fig. 4, 5 (fossile).

1845. *Strombus latus* Gm. KÜSTER, Conch. Cab., 2e édit., p. 23, pl. Va, fig. 2.

1845. — *bubonius* Lamk. KÜSTER, Ibid., p. 20, pl. II, fig. 2, 3 (Côtes d'Afrique, Antilles).

1845. — — — CATLOW et REEVE, Conch. Nomencl., p. 259.

1850. — — — REEVE, Conch. Icon., pl. XII, fig. 27 (W. Indies: Porto Praya, C. vert).

1852. — — — JAY, Catal. of Shells, 4th édit., p. 341 (Arch. du Cap Vert).

1853. — *coronatus* HOERNES (non Defrance), Tert. Moll. d. Wien. Beckens, p. 187, pl. XVII, fig. 1a, 1b.

1855. — *bubonius* Lamk. BERGE, Conchylienbuch, p. 231.

1857. — *Bubonius* — GRÜNER, Catal. Collect. Grüner, p. 40.

1864. — *italicus* Duclos MAYER, Geol. Beschr. Madeira u. Porto Santo, p. 253, pl. VII, fig. 54.

1865. *Strombus bubonius* Lamk. REIBISCH, Capverd. Moll., Malak. Blätter
             p. 128 (Arch. du Cap Vert, Antilles)

1865.   —   — — BIELZ, Catal. Collect. Bietz, p. 3.

1865.   —   — — MARRAT, Catal. Collect. Dennison, p. 24.

1871.   —   *coronatus*   D'ANCONA (non Defrance), Malac. Plioc.
             Ital., p. 312, pl. I, fig. 1, 2.

1876.   —   *latus*   Gm   ROETERS van LENNEP, Catal. Coll. p. 25,

1878.   —   *fasciatus* — MARRAT (non Born), List. of Afr. Shells.
             Quart. Journ. of Conch., I, p. 244 (= *bu-*
             bonius Lamk.).

1878.   —   *Bubonius* Lamk. G. R. BATALHA, Catal. Collec. F. R. Ba-
             talha, p. 96.

1881   ··   *bubonius* — DE ROCHEBRUNE, Faune Archipel du
             Cap Vert, Nouv. Arch. du Muséum,
             p. 286.

1883.   —   — — KÖNNECKE, Catal. Conchyl., Samml., p. 13
             (Antilles).

1884.   —   — — TAUSCH, Capverd. Conchyl., Jahrb. d. D.
             Malak. Ges. XI, p. 184.

1884.   —   *Bubonius* — GRASSET, Index Test. viv., p. 54.

1885.   ··   *bubonius* — TRYON, Manual of Conch., VII, p. 108,
             pl. II, fig 11 (Sénégal et îles du Cap
             Vert).

1888.   —   *Bubonius* Lamk. PFEIFFER, Krit. Reg. Conch. Cab., p. 23.

1888.   —   *bubonius* — MARTORELL, Catal. Mus. Martorell, p. 22.

1890.   —   — — E. A. SMITH, Mar. Moll. Ascension Isl.,
             Proc. Zool. Soc. of London, p. 320
             (I. Ascension, W. Indies, W. Africa,
             Cap Vert).

1890.   —   *bubonius* — RÖMER, Catal. Conch. Samml. Mus. Wies-
             baden, p. 54.

1890.   —   — — DAUTZENBERG, Récoltes Culliéret, Mém.
             Soc. Zool. Fr., p. 166 (Dakar).

1891.   —   — — DAUTZENBERG, Voyage « Melita », Mém.
             Soc. Zool. Fr., p. 43 (Dakar).

1891   —   *fasciatus*   Gm. BARCLAY (non Born), Catal. Collect. Bar-
             clay, pp. 13, 41.

1893.   —   *bubonius* Lamk. STEARNS, W. Afr. Moll. Proc. U. S. Nat.
             Mus., p. 332.

1897. *Strombus bubonius* Lamk. LOCARD, Exp. « Travailleur » et « Talis-
man », I, p. 137.

1899.   —   —   —   HORST et SCHEPMAN, Catal. Moll. Mus.
Pays-Bas, p. 211 (Guinée, Surinam).

1899.   —   —   —   SOWERBY et FULTON, Catal. of mar. Gastrop., p. 26.

1902.   —   *fasciatus* Gm.   SHERBORN (non Born), Index Animalium,
p. 354.

1903.   —   *bubonius* Lamk.   FONT Y SAGUE, Mol. rec. en Rio de Oro,
Bol. Soc. Esp. de Hist. Nat., p. 210.

1906.   —   —   —   DAUTZENBERG et H. FISCHER, Camp.
Scient. Prince de Monaco, XXXII, Moll.
W. Afrique, p. 41.

1907.   —   —   —   LAMY, Coq. rec. par Gravier à S. Thomé,
Bull. Mus. His. Nat., n° 2, p. 147.

1908.   —   —   —   LAMY, Coq. rec. par Chevalier en Afrique
Occid., Bull. Mus. Hist. Nat., n° 6, p. 286.

1908.   —   —   ...
          o *Mediterraneus*   ISSEL, Alc. risult. degli Studi prom. dal
Principe di Monaco sulle caverne ostifere
dei Balzi Rossi, pp. 7, 12.

1910. *Strombus bubonius*   —   HIDALGO, Mol. de la Guinea Española,
Mem. R. Soc. Esp. de Hist. Nat., p. 520.

1910.   —   —   —   DAUTZENBERG, Contrib. Faune Afrique
Occid., p. 70.

1912.   —   —   —   DAUTZENBERG, Mission Gruvel, p. 41.

1913.   —   —   —   GIGNOUX. Les form. tert. Italie du Sud et
Sicile, pp. 534-540.

1914.   —   —   —   TOMLIN et SHACKLEFORD. Mar. Moll. of
S. Thomé, Journ. of Conch., XIV, p. 249.

HABITAT. — Duala. Une dizaine d'exemplaires, dont un de la
variété *lata* GMELIN.

Le *Strombus bubonius* est une espèce fort intéressante, non seulement à cause de ses nombreuses variations, mais surtout à cause
de son ancienneté puisqu'on peut la suivre jusqu'à l'époque miocé-
nique. Pendant le Pleistocène, elle vivait encore sur tout le pour-
tour de la Méditerranée, mais elle n'existe plus aujourd'hui que sur

le littoral occidental d'Afrique et dans l'Archipel du Cap Vert où elle est particulièrement abondante. Son habitat aux Antilles, indiqué par quelques auteurs, n'a pas été confirmé.

Parmi les spécimens actuels, on distingue trois formes principales :

1º La forme typique, allongée et garnie, sur l'angle du dernier tour, de tubercules arrondis et obtus. Ce type a été basé sur d'anciennes figurations de LISTER, BONANNI, SEBA, KNORR et MARTINI. Il atteint parfois de grandes dimensions ; nous en possédons, de l'Archipel du Cap Vert, qui ont 17 centimètres de hauteur ;

2º Une forme moins allongée que la précédente, plus élargie vers le haut et qui possède, sur l'angle du dernier tour, de forts tubercules très saillants et pointus. Cette forme n'a jamais été bien figurée d'après des exemplaires actuels, mais comme elle est identique à des fossiles de Sienne nommés *Strombus coronatus* par DEFRANCE, puis à des fossiles de Morée et de Touraine nommés *Strombus Mercati* par DESHAYES, il est permis de la désigner sous le nom de var. *coronata* DEFR. DEFRANCE a fondé son *Str. coronatus* sur les figures 1 et 2 de la planche XXXVIII (C) de WALCH, *in* KNORR ;

3º Une forme dépourvue de nodosités sur le dernier tour et ayant l'ouverture très ample. GMELIN l'a décrite, en se basant sur les figures 4 et 5 de la planche LXII de SEBA, et en la nommant *Str. latus*. C'est sans aucune utilité que LAMARCK a remplacé ce nom par celui de *Str. dilatatus*. Elle devra donc être indiquée sous le nom de var. *lata* GMELIN.

De toutes les formes fossiles qui ont été représentées, c'est le *Str. mediterraneus* DESHAYES, d'Italie, qui concorde le mieux avec le *Str. bubonius* typique.

Nous ne pouvons nous occuper ici des nombreux noms qui ont été donnés à des formes fossiles du *Str. bubonius,* mais il nous paraît utile de signaler le *Str. cornutus* DEFRANCE. Son auteur lui-même a dit : « Cette espèce paraît avoir quelques rapports avec le *Str. couronné* dont elle n'est peut-être qu'une variété ». Le *Str. cornutus* a été admis comme espèce par plusieurs auteurs, tandis que d'autres et notamment M. Sacco, n'ont voulu y voir qu'une variété du *coronatus*. On serait tenté, à première vue de le séparer, car le *Str. cornutus*, basé sur les figures 1 et 2 de la planche XLV (C. III) de Walch, a les tubercules encore bien plus développés que ceux de la variété *coronata;* sa spire est aussi moins haute et les nodosités des tours supérieurs sont plus ou moins complètement immergées dans la suture. Toutefois, les deux formes sont reliées par de nombreux intermédiaires et notamment par le *Str. italicus* Duclos, *in* Chenu, fossile d'Italie.

Une autre forme très particulière est remarquablement courte, de petite taille et a la spire surbaissée et les tubercules enchassés dans la suture comme chez la variété *cornuta*. Elle a été distinguée par M. Sacco qui en a représenté plusieurs spécimens, ne présentant entre eux que de très légères différences, tous les noms de *Str. coronatus* var. *minor* d'Ancona, var. *compressonana* Sacco et var. *perspinonana* Sacco (I Moll. del Piemonte, fasc. XIV, pl. I, fig. 25 à 27).

Solarium granulatum Lamarck.

1685. *Trochus planior*, etc.	Lister, Hist. Conch., pl. DCXXXIV, fig. 22.
1755.	Gevens, Monatliche Belustigungen, pl. XXV, fig. 266, 272.
1781. *Trochus perspectivus*, etc.	Chemnitz (ex parte, non Linné), Conch. Cab., V, p. 121, pl. CLXXII, fig. 1695, 1696 (tantum).
1797.	Encycl. méthodique, pl. CDXLVI, fig. 5^a, 5^b.
1798. *Architectonica Nobilis*	Bolten, Mus. Boltenianum, p. 78 (réf. Chemnitz, fig. 1695, 1696).
1822. *Solarium granulatum*	Lamarck, Anim. sans vert., VII, p. 3.
1824. — — Lamk.	Dubois, Epitome of Lamarck's Arr., p. 215.
1825. — — —	Dubois, ibid., p. 215.
1825. — — —	Sowerby, Catal. Tankerville, p. 50.

1837. *Solarium granulatum* Lamk. KIENER, Icon. coq., viv., p. 4, pl. II, fig. 2, 2.

1839.   —   —   — JAY, Catal. of Shells, p. 70.

1840.   —   —   — HANLEY, The young Conchologist's Book of Species, p. 69.

1842.   —   —   — HANLEY, The Conchologist's Book of Species, p. 65.

1842. *Trochus granulatus* (Lister) REICHENBACH, Land-, Süssw.- und See-Conch., p. 40.

1845. *Solarium granulalum* LAMARCK, Anim. sans vert., édit. Deshayes, IX, p. 98.

1845.   —   — Lamk. CATLOW et REEVE, Conch. Nomeucl., p. 213.

1847.   —   —   — MENKE, Conch. v. Mazatlan, Zeitschr. für Malakoz, p. 180 (Mazatlan, Haïti).

1852.   —   —   — JAY, Catal. of Shells, 4th edit., p. 302.

1852.   —   —   — MEDER, Catal. Collect. J. C. Meder, p. 32.

1860.   —   —   — DESLONGCHAMPS, Catal. Moll. rec. par le « Rapide », p. 51 (Guadeloupe).

1863.   —   —   — CARPENTER, Shells of Panama, Proc. Zool. Soc. of London, p. 355.

1863.   —   —   — HANLEY *in* SOWERBY, Thes. Conch., III, p. 231, pl. I, fig. 1, 2 (Mexique).

1874.   —   —   — FRIDRICI, Catal. Collect. Conch. Mus. Metz, p. 166.

1876. *Architectonica granulata* Lamk. HIGGINS, Moll. « Argo » Exp., Liverpool Mus. Rep., n° 1, p. 13 (Santa Marta).

1876. *Solarium granulatum* Lamk. ROETERS VAN LENNEP, Catal. Collect., p. 14.

1878.   —   —   — KOBELT, Illustr. Conchylienb., p. 87.

1878.   — *Granulatum*   — G. R. BATALHA, Catal. Collect. F. R. Batalha, p. 93.

1887.   — *granulatum*   — TRYON, Manual of Conch., IX, p. 11, pl. V, fig. 53, 54 (N. Carolina to W. Indies; Panama to Lower California).

1888.   — *Granulatum*   — MACARÉ, Catal. Collect. Macaré, p. 31.

1890. *Solarium granulatum* Lamk. E. A. SMITH, Moll. of St. Helena, Proc.
           Zool. Soc. of London, p. 282.

1890.   —   —   —   RÖMER, Catal. Conch. Samml. Mus.
           Wiesbaden, p. 50 (Ostindien).

1891.   —   —   —   BARCLAY, Catal. Collect. Barclay, p. 59.

1894.   —   —   —   NOBRE, Sur la Faune malac. de S.
           Thomé et Madère, Ann. de Sc. Nat.
           p. 92.

1896.   —   —   —   ELERA, Catal. Coleccion Univ. Manilla,
           p. 305.

1899.   —   —   —   SOWERBY et FULTON, Catal. of mar.
           Gastrop., p. 21.

1899.   —   —   —   HORST et SCHEPMAN, Catal. Moll.
           Mus. Pays-Bas, p. 288 (Surinam,
           Congo).

1908.   —   —   —   ROGERS, The Shell Book, p. 156,
           fig. 3, 4.

1909.   —   —   —   COUFFON et SURRAULT, Catal. Collect.
           Letourneux, p. 97 (Oc. Indien).

1914. *Architectonica Nobilis* Bolten TOMLIN et SHACKLEFORD, Mar. Moll.
           of. S. Thomé, Journ. of Conch., XIV,
           p. 252.

HABITAT. — Duala. (1 exemplaire.)

Cette espèce n'avait encore été indiquée que des Indes Occidentales et des côtes de Californie, lorsque M. NOBRE l'a récoltée à Sao Thomé. Nous en possédons des exemplaires recueillis dans la baie de Salinas (Côte pacifique du Costarica) par M. H. PITTIER, en 1890, et d'autres à Esmeraldas (Ecuador) par M. COUSIN. MM. TOMLIN et SHACKLEFORD l'ont aussi cité de Sao Thomé sous le nom d'*Architectonica nobilis* BOLTEN. L'habitat africain de ce Mollusque se trouve encore confirmé par la récolte de M. FOURNEAU.

Nous rappellerons qu'on a aussi constaté la présence de certains autres Mollusques, à la fois sur le littoral pacifique de l'Amérique du Sud et, dans l'Océan Atlantique jusque sur les côtes de l'Afrique Occidentale. Le *Calyptræa radians* LAMARCK (= *Trochita spi-*

rata Forbes), bien connu des côtes du Pérou et du Chili a été rapporté en nombre de l'Archipel du Cap Vert par de Cessac ; M. Gruvel l'a rencontré à Praya Amelia, près de Mossamédes et Tryon dit que le Dr J.-J. Brown en a trouvé un exemplaire mort aux îles Bahamas ; de Rochebrune l'a signalé à l'état fossile dans les Conglomérats de Santiago et de Mayo (Cap Vert) et M.-G. Lecointre l'a recueilli dans la carrière Schneider, près de Casablanca, en compagnie d'un autre Gastéropode : *Monoceros crassilabrum* Lamarck qui n'était connu, à l'état vivant, que du Pérou et du Chili.

Neritina (Alina) Oweniana Gray.

1828. *Nerita Oweniana*		Gray in Wood, Index test., Suppl., p. 25, pl. VIII, fig. 8.
1836. *Neritina* —	Gray	Sowerby, Conch. Illustr., fig. 15, 15.
1838. — —	—	Deshayes *in* Lamarck, Anim. sans vert., VIII, p. 582.
1842. — —	—	Reeve, Syst. Conch., II, p. 137, pl. CC, fig. 15, 15.
1845. — —	—	Catlow et Reeve, Conch. Nomencl., p. 197.
1849. — —	—	Sowerby, Thes. Conch., II, p. 519, pl. CXIV, fig. 168.
1852. — —	—	Jay, Catal. of Shells, 4th edit., p. 287.
1855. — —	—	Reeve, Conch. Icon., pl. XIII, fig. 59^a, 59^b (Fernando Po).
1856. *Nerita (Neritina) Oweniana* Gray		Wood, Index testac., édit. Hanley, p. 232 pl. VIII, fig. 8 (non *N. Oweni*, pl. VIII, fig. 17).
1864. *Neritina cristata*		Morelet, Journ. de Conch., XII, p. 288 (fleuve Como, Gabon).
1879. — —	Mor.	von Martens, Conch. Cab., 2e édit., p. 256.
1879. — *Oweniana*	Gray	von Martens, Ibid., p. 75, pl. IX, fig. 14-17.

1884. *Neritina Oweniana* Gray GRASSET, Index Test. viv., p. 122 (Grand Bassam).

1887. — — — E.-A. SMITH, Shells from W. Africa, Proc. Zool. Soc. of Lond., p. 566 (Caméroun).

1887. — — — PÆTEL, Catal. Conch. Samml., I, p. 525.

1888. — — — TRYON, Manual of Conch., X, p. 76, pl. XXII, fig. 90 (W. Africa, Fernando Po, Cap Palmas).

1888. — — — SCHEPMAN, Zool. res. Liberia, Notes from the Leyden Mus., X, Note XXIII, p. 250.

1888. — .. — MACARÉ, Catal. Collect. Macaré, p. 28.

1888. — *cristata* Morel. ANCEY, Moll. terr. Afr. Occid. rec. par Vignon, Bull. Soc. Malac. France, p. 74.

1896. — *Oweniana* Gray D'AILLY, Contrib. Moll. terr. et d'eau douce de Kaméroun, p. 126.

1896. — *oweniana* — ELERA, Catal. Coleccion Univ. Manilla, p. 386.

1905. — *Oweniana* — O. BÖTTGER, Nachrichtsblatt d. D. Malak. Ges., p. 182.

1908. — *Oweni* — GERMAIN (non Wood), Journ. de Conch., LVI, p. 111 (fl. Sassandra).

1908. — (*Neritœa*) *Oweniana* Gray HORST et SCHEPMAN, Catal. Mus. Pays-Bas, p. 418 (Congo, Libéria, Guinée).

1908. — *oweniana* Gray BOURNE, On the Aspidobranch Gastrop. Moll., Proc. Zool. Soc. of London, p. 816.

1910. — *Oweniana* — HIDALGO, Mol. de la Guinea Española, Mem. R. Soc. Esp. de Hist. Nat., p. 523.

HABITAT. — Duala. (5 exemplaires.)

Fissurella nubecula LINNÉ.

1758. *Patella Nubecula* LINNÉ, Syst. Nat., édit. X, p. 785.

1767. — — LINNÉ, Ibid., édit. XII, p. 1262.

1769. *Lepas exigua, striata* MARTINI, Conch. Cab., I, p. 141, pl. XII, fig. 105.

1784. *Patella nubecula* Lin.   Schröter, Einleit. in die Conchylienk., II, p. 440.

1790.   —   *Nubecula* —   Gmelin, Syst. Nat., edit. XIII, p. 3729.

1790.   —   *rosea*   Gmelin, Ibid., p. 3730.

1817.   —   *nubecula* Lin.   Dillwyn, Descr. Catal., II, p. 1061.

1819.   —   —   —   Turton, Conch. Dict., p. 142, pl. XXIII, fig 81.

1820.   —   *Nubecula* —   Woodarch, Introd. to Conch., p. 110.

1822.   —   —   —   Mawe *in* Woodarch, Introd. to Conch., 2ᵈ edit., p. 142.

1822. *Fissurella rosea* Gm.   Lamarck, Anim. sans vert., VI, 2ᵉ partie, p. 12.

1824.   —   —   —   Dubois, Epitome of Lamarck's Arr., p. 155.

1825.   —   —   —   Dubois, Ibid., p. 155.

1825. *Patella Nubecula* Lin.   Mawe *in* Woodarch, Introd. to Conch., 3ᵈ edit., p. 131.

1826. *Fissurella nubecula* —   Risso, Europe mérid., IV, p. 258.

1826.   —   *nimbosa*   Risso (non Linné), Ibid., p. 258.

1829.   —   *rosea* Gm.   O. G. Costa, Catal. Sist., pp. 120, 123.

1834.   —   —   —   Sowerby, Conch. Ill., G. *Fissurella*, fig. 8.

1836.   —   —   —   Lamarck, Anim. sans vert., édit. Deshayes, VII, p. 595.

1836.   —   —   —   Scacchi, Cat. Conch. Regni Neap., p. 17.

1836.   —   *nimbosa*   Scacchi (non Linné), Ibid., p. 17.

1836.   —   —   Philippi, (non Linné), Enum. Moll. Sic., I, p. 117.

1838.   —   —   Maravigna (non Linné), Mém. Sic., p. 69.

1839.   —   *lilacina*   O. G. Costa, Catal. Taranto, p. 42.

1839.   —   *viridis*   O. G. Costa, Ibid., p. 43, pl. IV, fig. 1ᵃ, 1ᵇ, 1ᶜ.

1839.   —   *cinnaberina*   O. G. Costa, Ibid., p. 43, pl. IV, fig. 4ᵃ, 4ᵇ, 4ᶜ.

1839.   —   *rosea* Lamk.   Anton. Verzeichniss, p. 27.

1840.   —   —   —   Pfeiffer, Krit. Reg. Conch. Cab., p. 4.

1842.   —   —   —   Reichenbach, Land-, Süssw.- und See-Conch., p. 81, pl. LIV, fig. 650 (Guyane).

1844.   —   —   —   Philippi, Enum. Moll. Sic., II, p. 91.

1845. *Fissurella rosea* Lamk.   Catlow et Reeve, Conch. Nomcl., p. 104.

1847.   —   —   —   C. B. Adams, Catal. Collect. C. B. Adams, p. 25.

1848.   — *Philippii*   Réquien, Coq. de Corse, p. 40

1850.   — *rosea* Lamk.   Mac Andrew, Rep. Moll. Spain, Portugal, etc., Rep. Brit. Ass. f. Adv. of Sc., p. 277, 281, 286?, 295?.

1852.   — — —   Jay, Catal. of Shells, 4th edit., p. 106.

1853.   — —   Dunker, Moll. Guinea, p. 36.

1854.   — — —   Mac Andrew, Geogr. distrib. test. Moll. N. Atl. etc., pp. 21, 46.

1855.   — *nubecula* Lin.   Hanley, Ipsa Linn. Conch., p. 434, pl. IV, fig. 10.

1855.   — *rosea* Lamk.   Berge, Conchylienbuch, p. 119 (Guinée).

1856.   — — —   Mac Andrew, Rep. mar. test. Moll. N. Atl , etc., Rep. Brit. Ass. f. Adv. of Sc., pp. 119, 146.

1857.   — *Rosea* —   Grüner, Catal. Coll. Grüner, p. 14.

1862.   — *rosea* —   Weinkauff, Catal. Algérie, Journ. de Conch., X, p. 335.

1862.   — *nubecula* Lin.   Sowerby, Thes. Conch., III, p. 190, pl. CCXXXIX, fig. 73.

1864.   — *nimbosa*   Reibisch (non Linné), Malakoz. Blätter. XII, p. 127.

1865.   — *rosea* Lamk.   Bielz, Catal. Collect. Bielz, p. 15.

1867.   — *rosea?* —   Caruana, Enum. ord. Moll. Gaulo-Melitensium, p. 36.

1867.   — *nubecula* Lin.   Hidalgo, Catal. Moll. Esp. et Baléares, Journ. de Conch., XV, p. 410.

1868.   — — —   Weinkauff, Conchyl. des Mittelm., II, p. 394.

1869.   — — —   Petit de la Saussaye, Catal. test. mar., p. 95.

1869.   — — —   Tapparone-Canefri, Moll. test. Spezia, p. 74.

1870.   — — —   Aradas et Benoit, Conch. viv. mar. della Sicilia, p. 128.

1873.   — — —   Weinkauff, Catal. europ. Meeresconch., p. 40.

1874. *Fissurella rosea* Lamk. FRIDRICI, Catal. Collect. Conch. Mus. Metz, p. 172.

1876. — — — ROETERS VAN LENNEP, Catal. Collect., p. 33.

1878. — — — G. R. BATALHA, Catal. Collect. F. R. Batalha, p. 42.

1878. — *nubecula* Lin. MONTEROSATO, Enum. e Sinon., p. 19

1878. — — — KOBELT, Illustr. Conchylienbuch, p. 165.

1882. — — — JEFFREYS, Lightn. a. Porcup. Exped., Proc. Zool. Soc. of London, p. 677.

1883. — — — KÖNNECKE, Catal. Conch. Samml., p. 20.

1884. — — — MONTEROSATO, Nomencl. gen. e Spec., p. 37.

1884. — — — GRASSET. Index Test. viv., p. 139.

1886. — — — BUCQUOY, DAUTZENBERG et G. DOLLFUS, Moll. du Roussillon, I, p. 438, pl. LIII, fig. 11-14.

1886. — — — HIDALGO, Mol. Bayona de Galicia, Revista de Ciencias, XXI, p. 406.

1887. — *rosea* Gmel. NOBRE, Rem. Faune Malac. Afr. Occid., p. 11.

1888. — — Lamk. MACARÉ, Catal. Collect. Macaré, p. 17.

1888. — *nubecula* Lin. KOBELT, Prodr. Faunæ Moll. test. maria europ. inhab., p. 262.

1888. — — — MARTORELL, Catal. Mus. Martorell, p. 37.

1888. — — — NORMAN, Mus. Normanianum, p. 21.

1889. — — — MONTEROSATO, Coq. mar. marocaines, Journ. de Conch., XXXVII, p. 28 (Casa-Blanca).

1890. — — — PILSBRY, Manual of Conch., XII, p. 170, pl. LX, fig. 94-99 (Méditerranée, Adriatique, du Golfe de Gascogne à Mogador, Arch. du Cap-Vert).

1890. — — — E. A. SMITH, Mar. Moll. Ascension Isl., Proc. Zool. Soc. Lond., p. 321 (Ile Ascension, Méditerranée, Maroc, Cap-Vert, Sénégambie, Guinée).

1890. — *rosea* Lamk. RÖMER, Catal. Conch. Samml. Mus. Wiesbaden, p. 83.

1891. *Fissurella nubecula* Lin. DAUTZENBERG, Voyage « Melita », Mém. Soc. Zool. Fr., p. 52 (Dakar).

1892. — — — SOWERBY, Mar. Sh. of S. Afr., p. 48.

1896. — *rosea* Gm. ELERA, Catal. Colecc. Univ. Manilla, p. 427.

1897. — *nubecula* Lin. RICHARD et NEUVILLE, Sur l'Hist. Nat. del'île d'Alboran, Mém. Soc. Zool. Fr., p. 85.

1899. — — — GRANGER, Moll. test. mar. côtes médit. Fr., p. 94.

1899. — (*Cremides*) *nubecula* Lin. SOWERBY et FULTON, Cat. of mar. Gastrop., p. 43.

1899. *Patella nubecula* Lin. SHERBORN, Index Linnæanus, p. 71.

1902. — — — SHERBORN, Index Animalium, p. 674.

1902. *Fissurella* — — CLAUDON, Faunule malac. St. Raphaël, p. 14.

1903. — — — DE ZULUETA, Contr. fauna mal. mar. de Vilassar de Mar, p. 4.

1907. — — — LAMY, Coq. rec. par Gravier à S. Thomé, Bull. Mus. Hist. Nat., n° 2, p. 151.

1908. — — — LAMY, Coq. rec. par Chevalier en Afr. Occid., Bull. Mus. Hist. Nat., n° 6, p. 287.

1908. — (*Cremides*) *nubecula* Lin. HORST et SCHEPMAN, Catal. Moll. Mus. Pays-Bas, p. 488.

1909. *Fissurella* (*Fissurella*) *nubecula* Lin. COUFFON et SURRAULT, Catal. Collect. Letourneux, p. 135.

1910. *Fissurella nubecula* Lin. DAUTZENBERG, Contrib. Faune Afr. Occid., I, p. 105.

1911. — — — HIDALGO, Mol. mar. de Cadiz, p. 41.

1912. — — — DAUTZENBERG, Mission Gruvel, p. 79.

1912. — — — PALLARY, Catal. Moll. litt. égyptien, Mém. Inst. Egyptien, p. 145 (et var. *squamulifera* B. D. D.).

1914. — — — PALLARY, Liste Moll. du Golfe de Tunis, Bull. Soc. Hist. Nat. Afrique du Nord, p. 21.

1914, *Fissurella nubecula* Lin. Tomlin et Shackleford, Mar. Moll. of S. Thomé, Journ. of Conch., XIV, p. 268.

1915. — — — Bartsch, Turton Collect. S. Afr. mar. Moll., p. 239.

1917. — — — Dautzenberg, Liste Moll. mar. rec. par G. Lecointre sur le litt. occid. du Maroc, Journ. de Conch., LXIII, p. 68.

Habitat. — Duala. (5 exemplaires.)

Ostrea denticulata Born.

1778. *Ostrea denticulata* Born, Index rer. nat. Mus. Cæs. Vindob., p. 99.

1780. — — Born, Test. Mus. Cæs. Vindob., p. 113, pl VI, fig. 9, 10.

1785 ? — — Born Chemnitz (ex parte), Conch. Cab., VIII, p. 32, pl. LXXIII, fig. 672, 673.

1790. — *edulis* var. β Gmelin (ex parte, non Linné), Syst. Nat. edit., XIII, p. 3334.

1791. Encyclopédie méthodique, pl 183, fig. 3, 4.

1805. — *denticulata* Born Shaw, Nat. Misc., XVI, p. 675.

1817. — — — Dillwyn (ex parte), Descr. Catal., I, p. 279. (exl. synon. plur.).

1819. — — — Lamarck, Anim. sans vert., VI, 1re partie, p. 206.

1824. — — — Dubois, Epitome of Lamarck's Arr., p. 126.

1825. — — — Dubois, Ibid., p. 126.

1827. — — — Raye, Catal. Collect. Raye, p. 116.

1831. — — var. Deshayes, Encycl. Méthod., II, p. 289.

1836. — — Born Lamarck, Anim. sans vert, édit. Deshayes, VII, p. 225.

1840. — — — Pfeiffer, Krit. Reg. Conch. Cab., p. 74, (pl. 73, fig. 672, 673).

1845. — — — Catlow et Reeve, Conch. Nomencl., p. 86.

1856. — — — Hanley, Recent biv. Shells, p. 299.

1858. *Ostrea denticulata* Born H. et A. ADAMS, Gen. of rec. Moll., II,
              p. 568.
1871.   ··   —   —   REEVE, Conch. Icon., pl. IX, fig. 14.
1878.   —   —   —   BRAUER, Bemerk. über Born 's Test. Mus.
              Cæs. Vindob. Sitzungsb. k. Akad d. Wis-
              sensch., LXXVII, p. 25.
1902.   —   —   —   SHERBORN, Index Animalium, p. 293.
1912.   —   —   —   DAUTZENBERG, Mission Gruvel, p. 82.

HABITAT. — Duala. (Valves.)

Cette espèce est bien caractérisée par sa coloration interne : elle
est d'un brun pourpré chez la valve fixée et entièrement blanche
chez la valve supérieure.

Ostrea gasar (ADANSON) DAUTZENBERG.

1757. *Ostreum Gasar*   ADANSON, Voyage au Sénégal, p. 196,
              pl. XIV, fig. 1.
1790. *Ostrea parasitica* var. β. GMELIN (ex parte), Syst. Nat. edit. XIII,
              p. 3336.
1845.   — *bicolor*   HANLEY, Proc. Zool. Soc. of London,
              p. 107.
1854.   —   —   HANLEY, Conch. Miscell., Ostrea, pl. 1,
              fig. 2.
1870.   — *parasitica*(Gmel.) REEVE, Conch. Icon., pl. II, fig. 4.
1871.   — *bicolor* Hanl. REEVE, Ibid., pl. XXIII, fig. 53ª, 53ᵇ.
1891.   — *gasar* Adanson DAUTZENBERG, Voyage « Melita », Mém.
              Soc. Zool. Fr., p. 54 (Dakar).
1891.   —   —   —   DAUTZENBERG, Réc. Culliéret, Mém. Soc.
              Zool. Fr., p. 168.
1904.   —   —   —   DE ROCHEBRUNE, Recherch. sur un groupe
              d'Ostrea de Sénégambie, Mém. Soc. Zool.
              Fr., XVII, p. 195.
1908.   —   —   —   LAMY, Coq. rec. par Chevalier en Afrique
              Occid., Bull. Mus. Hist. Nat., n° 6,
              p. 287.
1910.   — *parasitica*   DAUTZENBERG, Contrib. Afrique Occid,, I,
              p. 110.

1911. *Ostrea gasar* Adanson DAUTZENBERG, A propos du *Gasar* d'Adanson, Journ. de Conch., LIX, p. 54.

1912.   —   —   —   DAUTZENBERG, Mission Gruvel, p. 82.

HABITAT. — Duala. (Valve.)

Depuis la note que nous avons publiée en 1911 dans le Journal de Conchyliologie (p. 52-54) sur le *Gasar* D'ADANSON, nous avons acquis la conviction que l'*Ostrea bicolor* HANLEY n'est autre chose que l'état arboricole (vivant sur les Palétuviers), de l'espèce dont l'*O. gasar* est la forme rupicole. Des exemplaires recueillis par M. GRUVEL à la Fasna, en 1909, et dans le marigot de la Somone, en 1908, le démontrent clairement.

Avicula atlantica LAMARCK.

1685? *Pecten tenuis*, etc. LISTER, Hist. Conch., pl. CCXX, fig. 55.

1741? *Avicula* RUMPH, Amboin. Rariteitk., p. 152, pl. XLVI, fig. G.

1742. *Concha aliformis*, etc. GUALTIERI, Index Test., pl. XCIV, fig. BB.

1757. *Huître Oiseau* ou *Hirondelle* D'ARGENVILLE, La Conchyliologie, p. 277, pl. XIX, fig. B.

1757. *Perna Chanon* ADANSON, Voyage au Sénégal, Coquillages, p. 213, pl. XV, fig. 6.

1770? *Petit Oiseau* KNORR, Délices des yeux, IV, p. 16, pl. VIII, fig. 3; pl. X, fig. 1-2.

1785. *Mytilus avicula* seu *hirundo* CHEMNITZ (ex parte), Conch. Cab., VIII, p. 136, pl. LXXXI, fig. 722 (tantum).

1786. *Die Miesmuschel mit zwei Flügeln* KÄMMERER (ex parte), Conch. Cab. v. Schwartzb.-Rudolstadt, p. 221.

1790. *Mytilus hirundo* GMELIN (non Linné), Syst. Nat., édit. XIII, p. 3357 (= *Chanon* Adans.).

1791.   ENCYCL. MÉTHOD., pl. CLXXVII, fig. 9-10.

1798? *Pterigiata Colymbus* BOLTEN, Mus. Boltenianum, p. 167 (réf. Chemnitz, fig. 723).

1817. *Mytilus hirundo* var. A, B DILLWYN, Descr. Catal., I, p. 321.

1817. *Avicula communis* SCHUMACHER, Nouv. Syst., p. 137, pl. XI, fig. 4 (réf. Chemnitz, fig. 722).

1819. — *atlantica* LAMARCK, Anim. sans vert., VII, 1re partie, p. 148 (Oc. Atlantique).

1824. — *Atlantica* Lamk. DUBOIS, Epitome of Lamarck's Arr., p. 111.

1825. — — — DUBOIS, Ibid., p. 111.

1825. — *hirundo* WOOD (non Linné), Index testac., p. 59, pl. XII, fig. 42 (= *atlantica* Lamk., W. Indies).

1830. — *atlantica* Lamk. DESHAYES, Encycl. Méthod., II, p. 101 (excl. synon. *hirundo* Lin.).

1836. — — — LAMARCK, Anim. sans vert., édit. Deshayes, VII, p. 99.

1840. — — b. — PFEIFFER (ex parte), Krit. Reg., p. 76, pl. LXXXI, fig. 722, 723.

1843. — — — HANLEY, Recent biv. Shells, p. 262.

1845. — *Atlantica* — CATLOW et REEVE, Conchol. Nomencl., p. 78.

1850. — *atlantica* — MÖRCH, Catal. Kierulf, p. 26.

1852. — *Atlantice* — MEDER, Catal. Collect. J. C. Meder, p. 79.

1853. — *colymbus* Bolt. MÖRCH, Catal. Yoldi, II, p. 51 (= *atlantica* Lamk.).

1856. — *hirundo* WOOD (non Linné), Index testac., édit. Hanley, p. 70, pl. XII, fig. 42.

1857. — *colymbus* Bolt. MÖRCH, Catal. Suenson, p. 48.

1857. — *Atlantica* Lamk. GRÜNER, Catal. Coll. Grüner, p. 11.

1858. — *atlantica* — DROUËT, Moll. mar. des îles Açores, p. 45.

1861. — — — DROUËT, Elém. de la Faune açoréenne, p. 184.

1872. — — — DUNKER, Conch. Cab., 2e édit., p. 72, pl. XXV, fig. 4.

1878. — *Atlantica* — G. R. BATALHA, Catal. Collect. F. R. Batalha, p. 8.

1878. — *colymbus* Bolt. POULSEN, Catal. W. India Shells Collect., p. 16.

1879. *Avicula hirundo* JEFFREYS (ex parte, non Linné), Lightn.
a. Porcup. Exped., Proc. Zool. Soc. of
Lond., p. 565 (= *A. atlantica*).

1880. — *atlantica* Lamk. DOHRN, Seeconch. v. Westafrica, Jahrb. d.
D. Malakoz. Ges., VII, p. 180 (île du
Prince).

1886. — — — SIMPSON, Contrib. Moll. of Florida, Proc.
Davenport Acad. of Nat. Sc., V, p. 69.

1888. — *Atlantica* — MACARÉ, Catal. Collect. Macaré, p. 11.

1890. — — — RÖMER, Catal. Conch. Samml. Mus. Wiesbaden, p. 185.

1908. — -- — ROGERS, The Shell Book, p. 394, fig. 2.

1909. — *atlantica* — COUFFON et SURRAULT, Catal. Collect.
Letourneux, p. 182.

1910. — — — DAUTZENBERG, Contrib. Faune Afrique
Occid., I, p. 113

1912. — — — DAUTZENBERG, Mission Gruvel, p. 84.

HABITAT. — Duala. (1 exemplaire.)

Arca (Senilia) senilis LINNÉ.

1685. *Pectunculus gravis,* etc. LISTER, Hist. Conch., pl. CCXXXVIII,
fig. 72.

1742. *Concha Rhomboidalis,* etc. GUALTIERI, Index Test., pl. LXXXVII,
fig. D, D.

1757. *Le petit cœur de bœuf* D'ARGENVILLE, La Conchyl., p. 299,
pl. XXIII. fig. K.

1757. *Pectunculus Fagan* ADANSON, Voyage au Sénégal, Coquillages,
p. 246, pl. XVIII, fig. 5.

1758. *Arca senilis* LINNÉ, Syst. Nat., édit. X, p. 694.

1764. — — LINNÉ, Mus. Lud. Ulr., p. 518.

1767. — — LINNÉ, Syst. Nat. edit. XII, p. 1142

1784. — *Senilis Linnœi* CHEMNITZ, Conch. Cab., VII, p. 213,
pl. LVI, fig. 554-556.

1786. *Die hochgewölbte schwere
Arche* KÄMMERER, Conch. Cab. v. Schwartzb.
Rudolstadt, p. 198 (= *Arca senilis* Lin.).

1786. *Arca senilis* Lin. SCHRÖTER, Einleit. in die Conchyl., III, p. 267.

1787. — *Senilis* — MEUSCHEN, Mus. Geversianum, p. 426.

1789. — *senilis* — BRUGUIÈRE, Encycl. Méthod., p. 105.

1790. — — — GMELIN, Syst. Nat., edit., XIII, p. 3309.

1797. ENCYCLOPÉDIE MÉTHODIQUE, pl. CCCVIII, fig. 1ª, 1ᵇ.

1798. — *grandœva* BOLTEN, Mus. Boltenianum, II, p. 174.

1798. — *senilis* Lin. BOLTEN, Ibid., p. 174.

1817. — — — DILLWYN, Descr. Catal., I, p 234.

1819. — — — LAMARCK, Anim. sans vert.. VI, 1ʳᵉ partie, p. 44.

1820. — *Senilis* — WOODARCH, Introd. to Conch., p. 34.

1822 — — — MAWE *in* WOODARCH, Introd. to Conch., 2ᵈ édit., p. 51.

1824. — *senilis* Lin. DUBOIS, Épitome of Lamarck's Arr., p. 85.

1825. — — — DUBOIS, Ibid., p. 85.

1825. — — — WOOD, Index testac., p. 45, pl. IX, fig. 20.

1825. — *Senilis* — MAWE *in* WOODARCH, Introd. Conch., 3ᵈ edit., p. 51.

1825. — — — FRANCO, Catal. Conch. Collect. Batalha, p. 6.

1826. *senilis* — BRAND, Catal. Collect. J. Brand, p. 17.

1827. — — — RAYE, Catal. Collect. Raye, p. 114.

1827. — — — SOWERBY, Catal. vente du 31 janvier, p. 11.

1827. — — — SOWERBY, Catal. vente du 29 mai, p. 5.

1827. — — — SOWERBY, Catal. vente du 31 mai, p. 15.

1828. — — — SOWERBY, Catal. vente du 11 janvier, p. 4.

1828. — — — SOWERBY, Catal. vente du 15 février, p. 4.

1828 — — — SOWERBY, Catal. vente du 5 mars, p. 2.

1828. — — — SOWERBY, Catal. vente du 2 avril, p. 11.

1835. — — LAMARCK, Anim. sans vert, édit. Deshayes, VI, p. 473.

1839. — — — ANTON, Verzeichniss, p. 12.

1840. — — — PFEIFFER, Krit. Reg. Conch. Cab., p. 69 (pl. LVI, fig. 554-556).

1842. — — — HANLEY, Recent biv. Shells, p. 158.

1844 — — — REEVE, Conch. Icon., pl. VII, fig. 45.

1845. — — — CATLOW et REEVE, Conch. Nomencl., p. 51.

1850. *Arca(Navicula) senilis* Lin. Mörch, Catal. Kierulf, p. 25.

1852. — *seniles*   Meder, Catal. Collect. J. C. Meder, p. 74

1853. — *(Senilia) cor*   Meuschen *in* Mörch, Catal. Yoldi, II, p. 8.

1853. — — *senilis*   Mörch, Catal. Yoldi, II, p. 41 (= *grandæva* Bolten).

1853. — *senilis*   Dunker, Index Moll. Guinea, p. 45 (Loanda).

1854. — — Lin.   Mörch, Catal. Hencks, p. 25.

1855. — — —   Hanley, Ipsa Linn. Conch., p. 95.

1856. — — —   Wood, Index testac., édit. Hanley, p. 55, pl. IX, fig. 20.

1857. — *Senilis* —   Grüner, Catal. Collect. Grüner, p. 8.

1862. *Senilia senilis* —   Chenu, Manuel de Conch., II, p. 174, fig. 868.

1863. *Arca (Senilia) senilis* Lin. Mörch, Catal. Lassen, p. 28 (Guinée).

1865. — *senilis* Lin.   Bielz, Catal. collect. Bielz, p 34.

1874. — — —   Fridrici, Catal. Coll. Conch. Mus. Metz, p. 200.

1877. — *(Senilia) senilis* Lin. Marrat, Quart. Journ. of Conch., I, p. 239.

1878. — — — —   Kobelt, Illustr. Conchylienb., p. 369, pl. CVIII, fig. 7.

1878. — *Senilis* Lin.   G. R. Batalha, Catal. Coll. F. R. Batalha, p. 7.

1880. — *semilis* —   Dohrn, Seeconch. v. Westafr., Jahrb. d. D. Malak. Ges., VII, p. 173 (Sénégal, Angola).

1883. *Senilia* — —   Könnecke, Catal. Conch. Samml., p. 32.

1884. *Arca* — —   Grasset, Index Test. viv., p. 297 (Casamance).

1884. — *(Senilia) senilis* Lin. Tryon, Struct. a. Syst. Conch., III, p. 254, pl. CXXVI, fig. 45.

1886. — — — —   P. Fischer, Manuel de Conch., p. 975.

1888. — *senilis* Lin.   Martorell, Catal. Mus. Martorell, p. 85.

1888. — *Senilis* —   Macaré, Catal. Collect. Macaré, p. 9.

1890. — *(Senilia) senilis* Lin. Dautzenberg, Réc. Culliéret, Mém. Soc. Zool. Fr., p. 168 (Saint-Louis).

1890. — *senilis* Lin.   Römer, Catal. Conch. Samml., Mus. Wiesbaden, p. 187.

1891. *Arca (Senilia) senilis* Lin. KODELT, Conch. Cab., 2ᵉ édit., p. 15, pl. III,
       fig. 4-6; pl. IX, fig. 1-2.

1891. — — — — DAUTZENBERG, Voyage de la « Melita »,
       Mém. Soc., Fr., p. 56 (Rufisque).

1893. — — — — STEARNS, Rep. W. Afr. Moll. Proc. U. S.
       Nat. Mus., p. 320

1899. — *senilis* Lin. SHERBORN, Index Linnæanus, p. 7.

1902. — — — SHERBORN, Index Animalium, p. 888.

1903. — — — FONT Y SAGUÉ, Mol. rec. en Rio de Oro,
       Bol. Soc. Esp. de Hist. Nat., p. 210.

1904. — *(Senilia) senilis* Lin. LAMY, Arches étiquetées par Lamarck,
       Journ. de Conch., LII, p. 161.

1907. — — — — LAMY, Revis. Arca viv. du Muséum, Journ.
       de Conch., LV, p. 262.

1908. — — — — LAMY, Coq. rec. par Chevalier en Afr.
       Occid., Bull. Mus. Hist. Nat., n° 6, p. 288.

1909. — *senilis* Lin. COUFFON et SURRAULT, Catal. Coll. Le-
       tourneux, p. 185.

1910. — — — HIDALGO, Moll de la Guinea Española,
       Mem. R. Soc. Esp. de Hist. Nat., p. 524.

1910. — *(Senilia) senilis* Lin. DAUTZENBERG, Contrib. Faune Afr. Occ.,
       I, p. 120.

1911. — — — — G. DOLLFUS, Les coq. quatern. du Sénégal,
       p. 61, pl. IV, fig. 26-29.

1912. — — — — DAUTZENBERG, Mission Gruvel, p. 86.

HABITAT. — Duala. (1 valve.)

Venericardia (Cardiocardita) ajar (ADANSON) BRUGUIÈRE.

1757. *Chama Ajar* ADANSON, Voyage au Sénégal, Coquillages, p. 224,
       pl. XVI, fig. 2.

1758? — *antiquata* LINNÉ (ex parte), Syst. Nat., edit. X, p. 691.

1767? — — LINNÉ (ex parte), Syst. Nat. edit. XII, p. 1138.

1784. — — CHEMNITZ (ex parte), Conch. Cab., VII, p. 108,
       pl. XLVIII, fig. 488-491.

1790. — — GMELIN (ex parte), Syst. Nat., edit. XIII, p. 3300.

1792. *Cardita ajar* (Adans.) BRUGUIÈRE, Encycl. Méthod., I, partie 2,
       p. 406.

1817. *Chama ajar* Brug.   DILLWYN, Descr. Catal., I, p. 216 (excl. synon. plur.).

1819. *Cardita* — —   LAMARCK, Anim. sans vert., VI, 1re partie, p. 22.

1824. — — —   DUBOIS, Epitome of Lamarck's Arr., p. 79.

1825. — — —   DUBOIS, Ibid., p. 79.

1825 — — —   WOOD, Index testac., p. 42, pl. IX, fig. 7.

1828. — — —   SOWERBY, Catal. vente du 1er mai, p. 9.

1835. — — —   LAMARCK, Anim. sans vert., édit. Deshayes, VI, p. 426.

1839. — — —   ANTON, Verzeichniss, p. 10.

1842 — — —   HANLEY, Rec. biv. Shells, p. 144.

1843. — — —   REEVE, Conch. Icon., pl. V, fig. 23.

1845. — — —   CATLOW et REEVE, Conch. Nomencl., p. 45.

1852. — *Ajar* —   MEDER, Catal. Collect. J. C. Meder, p 66.

1853. *Actinobolus ajar* Brug.   MÖRCH, Catal. Yoldi, II, p. 37.

1853. *Cardita ajar* Brug.   DUNKER, Index Moll. Guinea, p. 49.

1856. — — —   WOOD, Index testac., édit. Hanley, p. 52, pl. IX, fig. 7.

1857. — *Ajar* —   GRÜNER, Catal. Collect. Grüner, p. 8.

1865. — *ajar* —   MARRAT, Catal. Collect. Dennison, p. 25.

1870. — — —   BAIRD, On the Genus *Proto*, Proc. Zool. Soc. of Lond., p. 61.

1871. *Actinobolus ajar* Brug.   E. A. SMITH, List of Sh. from. W. Afr., Proc. Zool. Soc. of Lond., p. 729 (Wydah).

1874. *Cardita ajar* Brug.   FRIDRICI, Catal. Collect. Conchyl. Mus. Metz, p. 206.

1878. — *Ajar* —   G. R. BATALHA, Catal. Collect. F. R. Batalha, p. 16.

1880. — *ajar* —   DOHRN, Seeconch. v. Westafr., Jahr. d. D. Malak. Ges., VII, p. 170 (Libéria, île du Prince).

1884. — *Ajar* —   GRASSET, Index Test. viv., p. 283.

1888. — — —   MACARÉ, Catal. Collect. Macaré, p. 8.

1888. — *ajar* —   CLESSIN, Conch. Cab., 2e édit., p. 9, pl. II, fig, 5, 6.

1890. *Cardita (Cardiocardita) ajar* Brug.   DAUTZENBERG, Réc. Culliéret, Mém. Soc. Zool. Fr., p. 168 (Dakar).

1890. *Cardita Ajar* Brug. RÖMER, Catal. Conch. Samml. Mus. Wiesbaden, p. 177.

1891. — *ajar* — DAUTZENBERG, Voyage « Melita », Mém.
Soc. Zool. Fr., p. 57 (Dakar, Rufisque).

1893. — — — STEARNS, Rep. W. Afr. Moll., Proc. U. S.
Nat. Mus., p. 321.

1902. — — — SHERBORN, Index Animalium, p. 24.

1908. — *(Cardiocardita)*
ajar Adanson LAMY, Coq. rec. par Chevalier en Afr. Occid.,
Bull. Mus. Hist. Nat., n° 6, p. 288.

1909. *Cardita Ajar* Brug. COUFFON et SURRAULT, Catal. Coll. Letourneux, p. 177.

1910. — *ajar* — DAUTZENBERG, Contrib. Faune Afr. Occid.,
I, p. 124.

1911. — *(Cardiocœrdita)*
ajar Brug. G. DOLLFUS, Coq. quatern. mar. Sénégal,
pl. 57, pl. IV, fig. 19, 20.

1912. *Cardita (Cardiocardita)*
ajar Brug. DAUTZENBERG, Mission Grüvel, p. 88.

1914. *Cardita ajar* Brug. TOMLIN et SHACKLEFORD, Mar. Moll. of. S.
Thomé, Journ. of Conch., XIV, p. 272.

1916. — — — LAMY, Note sur les *Venericardia* et *Cardita*,
Bull. Mus. Hist. Nat., n°ˢ 1, 2, p. 54.

HABITAT. — Duala. (Valves.)

Spatha (Leptospatha) Droueti CHAPER.

1885. *Spatha Droueti* CHAPER, Descr. esp. nouv., Bull. Soc. Zool.
Fr., X, p 43, pl. I, fig. 1, 2, 3.

1890. — — Chap. PÆTEL, Catal. Conch. Samml., III, p 188.

1900. — — — SIMPSON, Synopsis Naiades, p. 897.

1909. — *(Leptospatha)*
Droueti Chap. GERMAIN, Rech. F. Malac. Afr. Equat., p. 56.

1914. *Spatha Droueti* Chap. SIMPSON, Descr. Catal. Naiades, p. 1323.

HABITAT. — Rivière Doumé, affluent de la Kadec (ancien
Caméroun allemand). (7 exemplaires recueillis vivants par M. FOUR-
NEAU le 1ᵉʳ mars 1918.)

Le *Spatha Droueti* est assez voisin du *Spatha dahomeyensis* LEA, du Dahomey, mais son test est plus épais, ses sillons concentriques sont plus accusés et ses crochets sont situés plus près de l'extrémité antérieure.

Var. **roseotincta** nov. var.

Chez tous les exemplaires recueillis par M. FOURNEAU la nacre de l'intérieur au lieu d'être uniformément d'un gris olivâtre, comme chez le *Sp. Droueti* typique, est d'un gris olivâtre ou plombé à proximité des sommets et se teinte ensuite d'un rose qui devient de plus en plus vif vers les bords de la coquille.

Cardium (Tropidocardium) costatum LINNÉ.

1685.	*Concha exotica,* etc.	LISTER, Hist. Conch., pl. CCCXXVII, fig. 164.
1695.	*Pectunculus albus Guineensis*	PETIVER, Musei Petiveriani Centuriæ, Rariora Naturæ, p. 69.
1741.	*Geribbde Venus-Doublet*	RUMPH, Amboin. Rariteitk, p. 160, pl. XLVIII, fig. 6.
1742.	*Concha cordiformis æquilatera*	GUALTIERI, Index Test., pl. LXXII, fig. D, D.
1742.	*Concha exotica*	D'ARGENVILLE, Lithol. et Conchyl., p. 334, pl. XXVI, fig. A.
1757.	— —	D'ARGENVILLE, La Concyliologie, p. 298, pl. XXIII, fig. A.
1757.	*Pectunculus Kaman*	ADANSON, Voyage au Sénégal, Coquillages, p. 243, pl. XVIII, fig. 2.
1758.	*Cardium costatum*	LINNÉ, Syst. Nat., edit. X, p. 678.
1764	— —	LINNÉ, Mus. Lud. Ulr., p. 483.
1764.	*Doublet de Vénus à côtes*	KNORR, Délices des yeux, I, p 48, pl. XXVIII, fig. 2.
1767.	*Cardium costatum*	LINNÉ, Syst. Nat., edit. XII, p. 1121.
1778.	— — Lin.	BORN, Index rer. nat. Mus. Cæs. Vindob., p. 28.
1780.	— — —	BORN, Test. Mus. Cæs. Vindob., p. 40.
1782.	— *costatum Africanum* Lin.	CHEMNITZ, Conch. Cab., VI, p. 156, pl. XV, fig. 151, 152.

1786. *Cardium costatum* Lin. SCHRÖTER, Einleit. in die Conchyl., III, p. 27.

1787.   —   — MEUSCHEN, Mus Geversianum, p. 440.

1788.   —   —   — BARBUT, Hist. Vermium, p. 28, pl. III, fig. 7.

1789.   —   —   — BRUGUIÈRE, Encycl. Méthod., I, p. 224, pl. CCXCII, fig. 1, 1ᵃ, 1ᵇ, 1ᶜ; pl. CCXCIII, fig. 1, 1ᵃ, 1ᵇ, 1ᶜ.

1789.   —   —   — KARSTEN, Mus. Leskeanum, p. 156.

1790.   —   —   — GMELIN, Syst. Nat., edit. XIII. p. 3244.

1797.   —   —   — HWASS, Mus. Calonnianum, p. 50.

1798.   —   —   — BOLTEN, Mus. Boltenianum, p. 189.

1799. *La Conque exotique* CUBIÈRES, Hist. abrégée des coq. de mer, p. 201, pl. XVII, fig. 1.

1801. *Cardium costatum* Lin. LAMARCK, Syst. des Anim. sans vert., p. 119.

1805.   —   —   — DE ROISSY *in* BUFFON de SONNINI, IV, p. 380.

1815.   —   —   — WOOD, General Conch., p 231, pl. LVI, fig. 1.

1817.   —   —   — SCHUMACHER, Essai Nouveau Syst., p. 158.

1817.   —   —   — DILLWYN, Descr. Catal., I. p. 109.

1819.   —   —   — LAMARCK, Anim. sans vert., VI, 1ʳᵉ part., p. 3.

1820.   — *Costatum* WOODARCH, Introd. to Conch., p. 20.

1822.   —   —   — MAWE *in* WOODARCH, Introd. to Conch., 2ᵈ edit., p. 34.

1824.   — *costatum*   — DUBOIS, Epitome of Lamarck's Arr., p. 76

1825.   —   —   — DUBOIS, Ibid., p. 76.

1825.   —   —   — WOOD, Index testac., p. 27, pl. V, fig. 34.

1825.   — *Costatum*   — FRANCO, Catal. Conch Coll. Batalha, p. 4.

1825.   —   —   — MAWE *in* WOODARCH, Introd. to Conch., 3ᵈ edit., p. 36.

1826.   — *costatum*   — BRAND. Catal. Coll. Brand, pp. 6, 15, 19.

1827.   — *Costatum*   — RAYE, Catal. Coll. Raye, p. 107.

1827.   — *costatum*   — SOWERBY, Catal. vente du 29 mai, p. 7.

1827.   —   —   — SOWERBY, Catal. vente du 31 mai, p. 15.

1828.   —   —   — SOWERBY, Catal. vente du 1ᵉʳ mai, p. 9.

1828.   — *costratum*   — SOWERBY, Catal. vente du 7 juin, p. 26.

1828.   — *costatum*   — ROUX, Iconogr. Conch., pl. V, fig. 9.

1835.   —   —   — LAMARCK, Anim. sans vert., édit. Deshayes, VI. p. 389.

1835.   —   —   — WOOD, General Conch., p. 281, pl. LVI, fig. 1.

1839.   —   —   — ANTON, Verzeichniss, p 11.

1840. *Cardium costatum* Lin. PFEIFFER, Krit. Reg. Conch. Cab., p. 59,
        (pl. XV, fig. 151, 152).

1842.   —   —   —   HANLEY, Recent biv. Shells, p. 129.

1844.   —   —   —   REEVE, Conch. Icon., pl. II, fig. 11 (Côte
        Orientale d'Afrique).

1844.   —   —   —   POTIEZ et MICHAUD, Galerie de Douai, II,
        p. 180.

1845.   —   —   —   CATLOW et REEVE, Conch, Nomencl., p. 42.

1852.   — *Exoticum*   MEDER, Catal. Collect. J. Meder, p. 58.

1853.   — *costatum* Lin.   DUNKER, Index Moll. Guinea, p. 49.

1853.   —   —   —   MÖRCH, Catal. Yoldi, II, p. 34.

1854   —   —   —   MÖRCH, Catal. Hencks, p. 24.

1855.   —   —   —   HANLEY, Ipsa Linn. Conch., p. 45.

1856.   —   —   —   WOOD, Index testac., edit. Hanley, p. 34,
        pl. V, fig. 34.

1856.   —   —   —   WOODWARD, A Manual of the Moll., II,
        p. 290, pl. XIX, fig. 1.

1857.   — (*Tropidocar-
        dium*) costatum Lin.   P. FISCHER, Manuel de Conch., p. 1037,
        pl. XIX, fig. 1.

1857. *Cardium Costatum* Lin. GRÜNER, Catal. Collect. Grüner, p. 7.

1862.   — *costatum*   —   CHENU, Manuel de Conch., II, p. 107,
        fig. 483, 484.

1863.   —   —   —   MÖRCH, Catal. Lassen, p. 27.

1865.   —   —   —   MARRAT, Catal. Collect. Dennison, p. 32.

1865.   —   —   —   BIELZ, Catal. Collect. Bielz, p. 33.

1867.   —   —   —   MITCHELL, Catal. Moll. Mus. Madras, p. 67.

1869.   —   —   —   RÖMER, Conch. Cab., 2e édit., p. 13, pl. II,
        fig. 1, 2.

1870.   —   —   —   WOODWARD, Manuel de Conchyl., trad.
        A. Humbert, p. 468.

1874.   —   —   —   FRIDRICI, Catal. Collect. Conch. Mus. Metz,
        p. 203.

1874.   —   —   —   THIELENS, Descript. Coll. Paulucci, p. 67.

1876.   —   —   —   ROETERS VAN LENNEP, Catal. Collect.,
        pp. 70, 71.

1877.   —   —   —   MARRAT, Quart. Journ. of Conch., I, p. 238.

1878.   —   —   —   BRAUER, Bemärk. über Born's Test. Mus.
        Cæs. Vindob., Sitzungsb. K. Akad d.
        Wissensch., LXXVII, p. 9.

1878. *Cardium (Tropidocar-dium) costatum* Lin. KOBELT, Illustr. Conch., p. 344, pl. C, p. 17.

1878. *Cardium Costatum* Lin. G. R. BATALHA, Catal. Coll. F. R. Batalha, p. 17.

1880. — *costatum* WOODWARD, A Manual of the Moll, 4ᵗʰ edit., p. 453, pl. XIX, fig. 1.

1880. — — — DOHRN, Seeconch. v. Westafr., Jahrb. d. D. Malak. Ges., VII, p. 169 (Bathurst).

1883. — — — KÖNNECKE, Catal. Conch. Samml., p. 31.

1884. — — — GRASSET, Index Test. viv., p. 274 (Gorée).

1884. — — — TRYON, Struct. a. Syst. Conch., III, p. 193, pl. CXVI, fig. 70.

1887. — *(Tropidocar-dium) costatum* Lin. P. FISCHER, Manuel de Conch., p. 1037, pl. XIX, fig. 1.

1888. *Cardium costatum* Lin. MARTORELL, Catal. Mus. Martorell, p. 77.

1888. — *Costatum* — MACARÉ, Catal. Coll. Rethaan Macaré, p. 7.

1890. — *costatum* — DAUTZENBERG, Récoltes Culliéret, Mém. Soc. Zool. Fr., p. 168 (entre Dakar et Rufisque).

1890. — *(Cardium) cos-tatum* Lin. RÖMER, Catal. Conch. Samml. Mus. Wiesbaden, p. 172.

1891. *Cardium costatum* Lin. DAUTZENBERG, Voyage de la « Mélita », Mém. Soc. Zool. Fr., p. 58.

1891. — — — BARCLAY, Catal. Collect. Barclay, pp. 12, 16, 42.

1899. — — — SHERBORN, Index Linnæanus, p. 17.

1902. — — — SHERBORN, Index Animalium, p. 252.

1908. — *(Tropidocar-dium) costatum* Lin. LAMY, Coq. rec. par Chevalier en Afr. Occid., Bull. Mus. Hist. Nat., nº 6, p. 288.

1909. *Cardium costatum* Lin. COUFFON et SURRAULT, Catal. Coll. Letourneux, p. 170.

1910. — — — DAUTZENBERG, Contrib. Faune Afr. Occid., I, p. 127.

1912. — — — DAUTZENBERG, Mission Gruvel, p. 89.

HABITAT. — Duala. (Valves.)

Cardium (Ringicardium) ringens (CHEMNITZ) BRUGUIÈRE.

1685. *Pectunculus orbicula-ris*, etc.			LISTER, Hist. Conch., pl. CCCXXX, fig. 167.
1695. *Pectunculus Guineen-sis*, etc.			PETIVER, Musei Petiveriani Centuriæ, p. 36, n° 836.
1757. *Pectunculus Mofat*			ADANSON, Voyage au Sénégal, Coquillages, p. 241, pl. XVIII, fig. 1.
1770. *Peigne formé en vessie*			KNORR, Délices des yeux, IV, p. 27, pl. XIV, fig. 3.
1782. *Cardium ringens*, etc.			CHEMNITZ, Conch. Cab., VI, p. 176, pl. XVI, fig. 170.
1789. — —	Martini		BRUGUIÈRE, Encycl. Méthod., I, p. 225, pl. CCXCVI, fig. 3.
1790. — —			GMELIN, Syst. Nat., edit. XIII, p. 3254.
1798. — —	Gm.		BOLTEN, Mus. Boltenianum, p. 190.
1815. — —			WOOD, General Conch., p. 219, pl. LIII, fig. 1, 2.
1817. — —	Chemn.		DILLWYN, Descr. Catal., I, p. 119.
1819. — —	—		LAMARCK, Anim. sans vert., VI, 1re partie, p. 4
1820. — *Ringens*	—		WOODARCH, Introd. to Conch., p. 20.
1822. — —	—		MAWE *in* WOODARCH, Introd. to Conch., 2d edit., p. 34.
1824. — *ringens*	—		DUBOIS, Epitome of Lamarck's Arr., p. 76.
1825. — —	—		DUBOIS, ibid., p. 76.
1825. —	—		WOOD, Index testac., p. 25, pl. V, fig. 18, 18.
1825. *Ringens*	—		MAWE *in* WOODARCH, Introd. to Conch., 3d edit., p. 36.
1827. — *ringens*	—		SOWERBY, Catal. vente du 30 mai, p. 10.
1828. — —	—		ROUX, Icon. Conch., pl. V, fig. 1.
1835. — —	—		WOOD, General Conch., p. 219, pl. LIII, fig. 1, 2.
1835. — —	—		LAMARCK, Anim. sans vert., édit. Deshayes, VI, p. 391.
1839. — —	—		ANTON, Verzeichniss, p. 11.

1840. *Cardium ringens* Chemn. Pfeiffer, Krit. Reg. Conch. Cab , p. 59, (pl. XVI, fig. 170).

1842. — — — Hanley, Recent biv. Shells, p. 130.

1844. — — — Reeve, Conch. Icon., pl. I, fig. 6 (Emb. de la Gambie).

1844. — — — Potiez et Michaud, Galerie de Douai, II, p. 180.

1845. — — — Catlow et Reeve, Conch. Nomencl., p. 44.

1852. — *Ringens* — . Meder, Catal. Collect. J. C. Meder, p. 58.

1853. — *ringens* — Dunker, Index Moll. Guinea, p. 50 (Loanda).

1856. — — — Wood, Index testac., edit. Hanley, p. 32, pl. V, fig. 18, 18.

1857. — — — Mörch, Catal. Suenson, p. 46.

1857. — — — Mrs. E. Gray, Fig. of Moll. Anim., V, p. 23, pl. CCCXXX, fig. 5.

1857. — *Ringens* — Grüner, Catal. Collect. Grüner. p. 7.

1862. — (*Bucardium*) *ringens* Chemn. Chenu, Manuel de Conch., II, p. 107, fig. 486.

1865. *Cardium ringens* Chemn. Marrat, Catal. Collect. Dennison, pp. 21, 22, 40,

1865. — — — Bielz, Catal. Collect. Bielz, p. 34.

1869. — — — Römer, Conch. Cab., 2ᵉ édit., p. 71, pl. IV, fig. 8; pl. XII, fig. 10.

1874. — — — Fridrici, Cat. Collect. Conch. Mus. Metz. p. 203.

1874. — — — Thielens, Descr. Collect. Paulucci, p. 67.

1876. — — — Roeters van Lennep, Cat. Collect., p. 70.

1877. — (*Pectunculus*) *ringens* Chemn. Marrat, Quart. Journ. of Conch., I, p. 238.

1878. *Cardium* (*Bucardium*) *ringens* Chemn. Kobelt, Illustr. Conchylienb., p. 345, pl. CI, fig. 6.

1878. *Cardium Ringens* Chemn. G. R. Batalha, Catal. Collect. F. R. Batalha, p. 17.

1880. — *ringens* — Dohrn, Seeconch. v. Westafr., Jahrb. d. D. Malak. Ges., VII, p. 169 (Ile du Prince).

1884. — — — Grasset, Index Test. viv., p. 275 (Gabon).

1884. — (*Bucardium*) *ringens* Chemn. Tryon, Struct. a. Syst. Conch., III, p. 193, pl. CXVI, fig. 71.

1887. *Cardium (Ringicardium)*
    ringens Chemn.   P. FISCHER, Manuel de Conch., p. 1037.

1888. *Cardium Ringens* Chemn. MACARÉ, Catal. Collect. Macaré, p. 8.

1890.   —   (*Bucardium*)
    ringens Chemn.   RÖMER, Catal. Conch. Samml. Mus. Wies-
        baden, p. 172.

1891. *Cardium ringens* Chemn. DAUTZENBERG, Voyage de la « Melita »,
        Mém. Soc. Zool. Fr., p. 59 (Rufisque).

1891.   —   —   —   BARCLAY, Catal. Collect. Barclay, p. 12.

1893.   —   —   —   STEARNS, Report W. Afr. Moll., Proc. U.
        S. Nat. Mus., p. 322

1902.   —   —   Gmel. SHERBORN, Index Animalium, p. 833.

1908.   —   (*Ringicardium*)
    ringens Chemn.   LAMY, Coq. rec. par Chevalier en Afr.
        Occ., Bull. Mus. Hist. Nat.. n° 6, p. 288.

1910. *Cardium (Ringicardium)*
    ringens Gm.   DAUTZENBERG, Contr. F. Afr. Occid., I,
        p. 127.

1911. *Cardium (Ringicardium)*
    ringens Gm.   G. DOLLFUS, Coq. quatern. mar. Sénégal,
        p. 58, pl. IV, fig. 21, 22.

1912. *Cardium (Ringicardium)*
    ringens Gm.   DAUTZENBERG, Mission Gruvel, p. 89.

1914. *Cardium ringens* Gm. TOMLIN et SHACKLEFORD, Mar. Moll. of
        S. Thomé, Journ. of Conch., XIV, p. 273.

HABITAT. — Duala. (Valves.)

Chama gryphina LAMARCK.

1786. *Chama sinistrorsa*, etc. CHEMNITZ (non Bruguière), Conch. Cab.,
        IX, p. 115, pl. CXVI, fig. 992.

1786.   —   —   —   CHEMNITZ (non Bruguière), Ausf. Abh.
        Linksschnecken, p. 145, pl. CXVI, fig. 992.

1814.   ·   —   BROCCHI (non Bruguière), Conch. foss.
        subap., II, p. 519.

1819.   ··   *gryphina*   LAMARCK, Anim. sans vert., VI, 1ʳᵉ partie,
        p. 97.

1825.   —   *sinistrorsa*   WOOD (non Bruguière), Index testac., p. 43,
        pl. IX, fig. 24 (W. Indies).

1835.   ··   *gryphina*   LAMARCK, Anim. sans vert., édit. Deshayes,
        VI, p. 587 (fossile).

1836. *Chama sinistrorsa*   Scacchi (non Bruguière), Cat. Conch. Regn. Neap., p. 7.

1836.   —   *gryphina* Lamk.   Philippi, Enum. Moll. Sic., I, p. 63.

1838.   —   —   —   Maravigna, Mém. Sicile, p. 73.

1844.   —   —   —   Philippi, Enum. Moll. Sic., II, p. 49.

1847.   —   —   —   Reeve, Conch. Icon., pl. VIII, fig. 43.

1848.   —   —   —   Réquien, Coq. de Corse, p. 29.

1853.   —   *christella*   Doublier (non Lamarck), Prod. Hist. Nat. du Var, p. 11.

1856.   —   *sinistrorsa*   Wood (non Bruguière), Index testac., édit. Hanley, p. 53, pl. IX, fig. 24.

1857.   —   *gryphina* Lamk.? Mörch, Catal. Suenson, p 46.

1862.   —   —   —   Weinkauff, Cat. Algérie, Journ. de Conch., X, p. 327.

1864.   —   —   —   Heller, Horæ Dalmatinæ, Verh. Zool., Bot. Ges. Wien, XIV, p. 52.

1865.   —   —   —   Bielz, Catal. Collect. Bielz, p. 34.

1866.   —   —   —   Brusina, Contrib. pella Fauna dei Moll. Dalm., p. 98.

1867.   —   —   —   Caruana, Enum. ord. Moll. Gaulo-Melitensium, p. 23.

1867.   —   *sinistrorsa*   Weinkauff (non Bruguière), Conch. des Mittelm., I, p. 151.

1869.   —   *sinistrorsa* Brocc. Tapparone-Canefri (non Bruguière), Moll. test. Spezia, p. 127.

1869.   —   *Gryphina* Lamk. Petit de la Saussaye, Cat. Test. mar., p. 63.

1870.   —   *gryphina*   — Aradas et Benoit, Conch. viv. mar. della Sic., p. 76.

1870.   —   —   —   Hidalgo, Mol. mar., p. 148, pl. XL^a, fig. 7.

1873.   —   *sinistrorsa*   Weinkauff (non Bruguière), Catal. europ. Meeresconch., p. 57.

1873.   —   *gryphina* Lamk. Kléçak. Catal. mar Moll. Dalmatiæ, p. 15.

1876.   —   —   —   Monterosato, Not. Conch. della rada di Civitavecchia, Ann. Mus. Civ. Genova, IX, p. 414.

1878.   —   —   —   Monterosato, Enum. e. Sinon., p. 11.

1879.   —   —   —   Clément, Catal. Moll. du Gard, p. 73.

1881. *Chama gryphoïdes*   JEFFREYS (ex parte, non Linné), Lightn. a Porcup. Exped., Proc. Zool. Soc. of London, pp. 709, 710 (= *gryphica* Lamk).

1883. — *gryphina* Lamk.   DAUTZENBERG, Liste Coq. de Gabès, p. 12.

1883. — — —   MARION, Esq. topogr. zool. Golfe de Marseille, Ann. Mus. Marseille, I, pp. 28, 50.

1884. — — —   GRASSET, Index Test. viv., p. 277.

1886. — *sinistrorsa*   LOCARD (non Bruguière), Prodr., p. 459.

1886. — *gryphina* Lamk.   GRANGER, Moll. biv. de France, p. 98.

1888. — *sinistrorsa*   KOBELT (non Bruguière), Prodr. Faunæ Moll. test. maria europ. inhab., p. 391.

1888. — *gryphina* Lamk.   NORMAN, Mus. Normanianum, p. 25.

1889. — — —   NOBRE, Contrib. Fauna malac. Madeira, p. 8 (Funchal).

1889. — *sinistrorsa*   CARUS (non Bruguière), Prodr. Faunæ Medit., p. 116.

1889. — — Brocc.   CLESSIN (non Bruguière), Conch. Cab. 2ᵉ édit., p. 8, pl. V, fig. 3-5.

1890. — *gryphina* Lamk.   WATSON, Mar. Moll. of Madeira, Journ. of Conch., p. 374.

1891. — — —   BRUSINA, Elenco Moll. Lamellibr. di Zara, p. 14.

1892. — — —   BUCQUOY, DAUTZENBERG et G. DOLLFUS, Les Moll. mar. du Roussillon, II, p. 311, pl. L., fig. 5-8.

1892. — *sinistrorsa*   LOCARD (non Bruguière), Coq. mar. des côtes de France, p. 311.

1897. — *gryphina* Lamk.   RICHARD et NEUVILLE, sur l'Hist. Nat. de l'île d'Alboran, Mém. Soc. Zool. Fr., p. 85.

1899 — — —   GRANGER, Moll. test. mar. des côtes médit. de France, p. 160.

1902. — — —   CLAUDON, Faunule malac. de St-Raphaël, p. 18.

1909. — *sinistrorsa* Brocc.   COUFFON et SURRAULT, Catal. Collect. Letourneux, p. 173 (= *gryphina* Lamk).

1910. — *gryphina* Lamk.   DAUTZENBERG, Contrib. Faune Afr. Occid. I, p. 129.

1912. — — —   DAUTZENBERG, Mission Gruvel, p. 90.

1914. — — —   COEN, Contrib. Fauna malac. Adriatica, p. 19.

1915. *Chama gryphina* Lamk. BARTSCH, Turton Collect. of S. Afr. Moll.
pp. 194. 227 (Port Alfred).

1917. — — — DAUTZENBERG, Liste Moll. mar. rec. par
G. Lecointre sur le litt. occid. du Maroc,
Journ. de Conch., LXIII, p. 70.

1917. — — — LAMY, Notes sur les esp. Lamarckiennes du
G. *Chama*, Bull. Mus. Hist. Nat., n° 3,
p 269.

1917. — — — PALLARY, Moll. mar. des Dardanelles,
Journ. de Conch., LXIII, p. 143.

HABITAT. — Duala. (Valve.)

Meretrix (Pitar) pitar (ADANSON) SCHRÖTER.

1757. *Chama Pitar* ADANSON, Voyage au Sénégal, Coquillages,
p. 226, pl. XVI, fig. 7.

1786. *Venus Pitar* Adans. SCHRÖTER, Einleit. in die Conchylienk., III,
p. 195.

1790. — *tumens* GMELIN, Syst. Nat. édit. XIII, p. 3292.

1802. — — Gm. BOSC, Hist. Nat. des Coq., III, p. 72.

1818. *Cytherea albina* LAMARCK, Anim. s. vert., V, p. 567.

1820. *Venus tumens* Gmel. WOODARCH, Introd. to Conch., p. 28.

1822. — — — MAWE *in* WOODARCH, Introd. to Conch.,
2ᵈ édit., p. 43.

1825. — — — MAWE *in* WOODARCH, Introd. to Conch.,
3ᵈ édit., p. 45.

1835. *Cytherea albina* LAMARCK, Anim. s. vert., édit. Deshayes,
VI, p. 307.

1840. *Venus Pitar* D'ORBIGNY, Moll. des Iles Canaries, p. 106.

1841. *Cytherea albina* DELESSERT, Rec. coq. de Lamarck, pl. VIII,
fig. 5ᵃ, 5ᵇ, 5ᶜ.

1844. — *cor* HANLEY, Proc. Zool. Soc. of London, p. 110.

1849. — *tumens* Gm. MENKE, Zeitschr. für Malakoz., p. 40.

1851. — *striata* SOWERBY (non Gray), Thes. Conch., p. 637,
pl. CXXXII, fig. 113-115 et p. 785 (= *tumens*).

1853. *Dione tumens* Gm. DESHAYES, Conchifera Brit. Mus., I, p. 68
(excl. synon. plur.).

1853. *Cytherea cor* Hanl. DESHAYES, Conchifera Brit. Mus., I, p. 71.

1853. *Lioconcha tumens* Gm. MÖRCH, Catal. Yoldi, II, p. 27.

1853. *Cytherea* - — DUNKER, Index Moll. Guinea, p. 58, pl. VIII, fig. 23-25.

1856. — *cor* HANLEY, Recent biv. shells, suppl., p. 354, pl. XV, fig. 7 (mala).

1857. *Venus* (*Cytherea-Pitar*) *tumens* Gm. RÖMER, Krit. Untersuch., p. 115.

1858. *Callista tumens* Gm. H. et A. ADAMS, Gen. of recent Moll., II, p. 426.

1862. *Cytherea* (*Caryatis*) *tumens* Gm. RÖMER, Malak. Blätter, p 60.

1862. *Cytherea* (*Caryatis*) *cor* Hanl. RÖMER, ibid., p. 61.

1867. — — — — RÖMER, Monogr. G. *Venus*, p. 82, pl. XXII, fig. 2, 2ᵃ, 2ᵇ.

1867. — — *tumens* Gm. RÖMER, ibid., p. 81, pl. XXII, fig. 4, 2ᵉ série.

1869. *Cytherea tumens* Gm. PFEIFFER, Conch. Cab. 2ᵉ édit., p. 22, pl. IV, fig. 56.

1887. — — — NOBRE, Rem. Faune malac. mar. Afr. Occid., p. 13.

1902. *Venus* — — SHERBORN, Index Animal, p. 1005.

1908. *Meretrix* (*Pitar*) *tumens* Gm. LAMY, Coq. rec. par Chevalier en Afr. Occid., Bull. Mus. Hist. Nat. nᵒ 6, p. 289.

1910. — — — — DAUTZENBERG, Contrib. Faune Afr. Occid. I, p. 130.

1911. — — — — G. DOLLFUS, Coq. quatern. Sénégal, p. 51, pl. III, fig. 17, 18.

1912. — — — — DAUTZENBERG, Mission Gruvel, p. 90.

HABITAT. — Duala. (Valve.)

Il convient de reprendre pour cette espèce le nom spécifique *pitar* qui a été employé par SCHRÖTER avant la création du *tumens* GMELIN. Nous considérons le *Cytherea cor* HANLEY comme ayant été basé sur un exemplaire très adulte du *pitar*. Bien que le *Cytherea albina* ait été indiqué par LAMARCK comme habitant l'Océan Indien, les figures du type de LAMARCK, fournies par DELESSERT, prouvent qu'il s'agit bien de notre espèce africaine.

Meretrix (Tivela) bicolor GRAY.

1838. *Trigona bicolor*		GRAY. Analyst VIII, p. 304.
1842. *Cytherea* —	Gray	HANLEY, Recent biv. shells, p. 104, pl. XV, fig. 16.
1845. — —	—	CATLOW et REEVE, Conch. Nomencl., p. 37.
1851. — —	--	SOWERBY, Thes. Conch. II, p. 617, pl. CXXVII, fig. 10, 11.
1853. *Trigona* —	--	DESHAYES, Catal. Brit. Mus., p. 49 (Sénégal).
1857. *Venus* --	—	RÖMER, Krit. Unters., p. 59.
1857. *Cytherea Bicolor*	—	GRÜNER, Catal. Collect. Grüner, p. 6.
1862. *Tivela bicolor*	—	RÖMER, Malak. Blätter, VIII, p. 23.
1864. — —	—	RÖMER, Monogr. G. Venus, p. 11, pl. IV, fig. 4, 4ᵃ, 4ᵇ.
1864. *Cyhterea* —	—	REEVE, Conch. Icon., pl. VI, fig. 23.
1884. — —	—	GRASSET, Index Test. viv., p. 263.
1908. *Meretrix (Tivela) bicolor* Gray.		LAMY, Coq. rec. par Chevalier en Afr. Occid., Bull. Mus. Hist. Nat. n° 6, p. 289.
1910. *Tivela bicolor* Gray		DAUTZENBERG, Contrib. Faune Afr. Occid., I, p 132.
1912. — —	—	DAUTZENBERG, Mission Gruvel, p. 91.

HABITAT. — Duala. (1 exemplaire et valves.)

Meretrix (Tivela) tripla LINNÉ.

1685. *Pectunculus trique-ter*, etc.		LISTER, Hist. Conch., pl. CCLII, fig. 86 (mala).
1757. *Tellina Tivel*		ADANSON, Voyage au Sénégal, Coquillages, p. 239, pl. XVIII, fig. 4.
1771. *Venus tripla*		LINNÉ, Mantissa, edit. II, p. 545.
1782. — — *Linnæi*	CHEMNITZ, Conch. Cab. VI, p. 328, pl. XXXI, fig. 330-332.
1786. — —	Lin.	SCHRÖTER, Einleit. in die Conchyl., III, p. 152.
1789.		ENCYLOPÉDIE MÉTHODIQUE, pl. CCLXIX, fig. 4ᵃ, 4ᵇ.
1790. — —	—	GMELIN, Syst. Nat., edit. XIII, p. 3276.
1798. — —	—	BOLTEN, Mus. Boltenianum, p. 181.

1817. *Venus   tripla*   Lin. DILLWYN, Descr. Catal., I, p. 173.
1818. *Cytherea* —   —   LAMARCK, Anim. sans vert., V, p. 563.
1820. *Venus Tripla*   —   WOODARCH, Introd. to Conch., p 27.
1822.   —   —   —   MAWE *in* WOODARCH, Intr. to Conch., 2ᵈ edit.,
              p. 42.
1824. *Cytherea tripla*   —   DUBOIS, Epitome of Lamarck's Arr., p. 69.
1825.   —   —   —   DUBOIS, Ibid., p. 69.
1825. *Venus Tripla*   —   MAWE *in* WOODARCH, Intr. to Conch., 3ᵈ edit.,
              p. 43.
1825.   —   —   —   FRANCO, Catal. Conch. Collect. Batalha. p. 5.
1825.   — *tripla*   —   WOOD, Index testac., p. 55, pl. VII, fig. 34.
1828.   —   —   —   BLAINVILLE, Dict. des Sc. Nat. LVII, p. 265.
1831.   —   —   —   DESHAYES, Encycl. Méth.. II, p. 54.
1835.   —   —   —   LAMARCK, Anim. sans vert., edit. Deshayes, VI,
              p. 302.
1838. *Trigona* —   —   GRAY, Analyst VIII, p. 305.
1839. *Venus corbicula* var. ANTON, (ex parte,'non Lamarck), Verzeich., p.7.
1840. *Cytherea tripla* Lin. PFEIFFER, Krit. Reg., p. 63 (pl. XXXI,
              fig. 330-332).
1842.   —   —   —   HANLEY, Recent biv. Shells, p. 97.
1842.   — (*Trigona*)
      tripla Lin.   SOWERBY, Conch. Manual, 2ᶜ édit., fig. 117ᵇ.
1845. *Cytherea tripla*. Lin. CATLOW et REEVE, Conch. Nomencl., p. 40.
1849.   —   —   —   MENKE, Meresconch. von Bathurst, Zeitschr. f.
              Malak., p. 40.
1849.   —   —   —   PHILIPPI, Zeitschr. f. Malak., p. 40
1851.   —   —   —   SOWERBY, Thes. Conch. II, p. 614, pl. CXXVIII,
              fig. 18-22.
1852.   — (*Trigona*)
      tripla Lin.   SOWERBY, Conchol. Manual, 4ᶜ édit.. p. 117ᵇ.
1853. *Trigona tripla* Lin. DESHAYES, Catal. Brit. Mus., p. 52.
1853. *Tivela*   —   —   MÖRCH, Catal. Yoldi II, p. 28.
1853. *Cytherea* —   —   DUNKER, Index Moll. Guinea, p. 58 (Loanda).
1854.   —   —   MÖRCH, Catal. Hencks, p. 24.
1855. *Venus*   —   —   HANLEY, Ipsa Linn. Conch., p. 454.
1856.   —   —   —   WOOD, Index testac., édit. Hanley, p. 45, pl. VII,
              fig. 34.
1857. *Cytherea* (*Tivela*)
      tripla Lin.   RÖMER, Krit. Unters. p 58.

1858. *Tivela tripla* Lin. H. et A. ADAMS, Gen. of rec. Moll. II, p. 427,
    pl. CVIII, fig. 2. 2ª.

1862   —   — — RÖMER, Malakoz. Blätter. VIII, p. 27 (Sénégal,
    Guinée inférieure).

1862.   —   —   — MÖRCH, On genera of Moll., Proc. Zool. Soc. of
    London, p. 228.

1862.   — *tripla* — CHENU, Manuel de Conch. II, p. 88, fig. 389.

1863.   —   —   — MÖRCH, Catal. Lassen, p. 26.

1864. *Cytherea* —   — REEVE, Conch. Icon., pl. V, fig. 16ª. 16ᵇ

1865.   —   (*Tivela*)
    . *tripla* Lin.   BIELZ. Catal. Collect. Bielz, p. 31.

1869. *Cytherea tripla* Lin. PFEIFFER. Conch. Cab., 2ᵉ édit., p. 47, pl. XVII,
    fig. 7-9.

1870. *Trigona* —   — WOODWARD. Man. de Conch., trad. A. Hum-
    bert, p, 488, pl. XX, fig. 10

1871.   —   —   — E. A. SMITH, List of Shells fr. W. Afr., Proc.
    Zool. Soc. of Lond., p. 727.

1874. *Cytherea triplina* FRIDRICI. Catal. Coll. Conch. Mus. Metz,
    p. 208.

1876.   — *tripla* Lin. ROETERS VAN LENNEP, Catal. Collect., p. 70.

1878.   —   —   — POULSEN. Catal. of W. India Shells, p. 15.

1884.   —   —   — GRASSET. Index Test. viv., p. 266.

1887. *Meretrix* (*Tivela*)
    tripla Lin.   P. FISCHER, Manuel de Conch., p. 1079, pl. XX,
    fig. 10.

1888. *Cytherea* (*Tivela*)
    tripla Lin.   SCHEPMAN, Zool. res. in Liberia, Notes of the
    Leyden Mus. X, Note XXIII, p. 251.

1890. *Tivela tripla* Lin. RÖMER, Catal. Conch. Samml. Mus Wiesbaden,
    p. 166.

1902. *Venus*   —   — SHERBORN, Index Animalium, p. 995.

1908. *Meretrix* (*Tivela*)
    tripla Lin   LAMY. Coq. rec. par Chevalier en Afr. Occid.,
    Bull. Mus. Hist. Nat. n° 6, p. 389.

1909. *Tivela tripla* Lin. COUFFON et SURRAULT, Catal Collect. Letour-
    neux, p. 162.

1912.   —   —   — DAUTZENBERG, Mission Gruvel, p. 91.

HABITAT. — Duala. (1 exemplaire et valves.)

Donax interruptus DESHAYES.

1854. *Donax interrupta*		DESHAYES, Proc. Zool. Soc. of London, p. 353.
1866.	— *obesulus*	SOWERBY (non Deshayes), Thes. Conch., III, p. 308, pl. CCLXXX, fig. 15.
1869.	— *interruptus* Desh.	RÖMER, Conch. Cab., 2ᵉ édit., p. 68.
1881.	— (*Serrula*) *inter-ruptus* Desh.	BERTIN, Revis. Donacidées du Museum, p. 101 (Gabon).
1912. *Donax (Serrula) inter-ruptus* Desh.		DAUTZENBERG, Mission Gruvel, p. 94.

HABITAT. — Duala. (3 exemplaires et valves.)

Iphigenia lævigata (CHEMNITZ) GMELIN.

1782. *Donax lævigata*, etc.			CHEMNITZ, Conch. Cab., VI, p. 253, pl. XXV, fig. 249.
1786. *Die wohlgeglättete Dreyeck-muschel*			SCHRÖTER, Einleit. in die Conchylienk., III, p. 101.
1790. *Donax lævigata*			GMELIN, Syst. Nat., edit. XIII, p. 3265.
1817.	— *lævigata* Chemn.		DILLWYN, Descr. Catal., I, p. 154.
1817. *Iphigenia*	—	—	SCHUMACHER, Essai Nouv. Syst., p. 156, pl. XVII, fig. 4.
1825. *Donax*	—	—	WOOD, Index testac., p. 32, pl. VI, fig. 14.
1827. *Capsa*	—	—	SOWERBY, Catal. vente du 30 mai, p. 8.
1839. —	—	—	BROWN, The Conchol. Text Book, p. 131, pl. XVII, fig. 4.
1840. —	—	—	PFEIFFER, Krit. Reg. Conch. Cab., p. 61 (pl. XXV, fig. 249).
1842. —	—	—	HANEY, Recent biv. Shells, p. 86.
1844. —	—	—	POTIEZ et MICHAUD, Galerie de Douai, II, p. 221.
1845. —	—	—	CATLOW et REEVE, Conchol. Nomencl., p. 29.
1856. *Donax*	—	—	WOOD, Index testac., édit. Hanley, p. 41, pl. VI, fig. 14.
1865? *Capsa*	—	—	BIELZ, Catal. Collect. Bielz, p. 32.

1865? *Iphigenia lævigata* Chemn. BIELZ, Catal. Collect. Bielz, p. 33.

1869.　—　—　—　RÖMER, Conch. Cab., 2e édit., p. 111,
pl. I, fig. 7; pl. XIX, fig. 11-13.

1874.　—　—　—　THIELENS, Descr. Coll. Paulucci, p. 73.

1876. *Capsa*　—　—　ROETERS VAN LENNEP, Catal. Collect.,
p. 62.

1878.　—　—　—　G. R. BATALHA, Catal. Collect., F. R.
Batalha, p. 16.

1884. *Iphigenia*　—　—　GRASSET, Index Test. viv., p. 259.

1887.　—　—　—　BERTIN, Revis. Donacidées du Muséum,
p. 119.

1888. *Capsa*　—　—　MACARÉ, Catal. Collect. Macaré, p. 5.

1888.　—　—　—　MARTORELL, Catal. Mus. Martorell, p. 73.

1902. *Donax*　—　Gm.　SHERBORN, Index Animalium, p. 512.

1909. *Iphigenia*　—　Chemn. COUFFON et SURRAULT. Catal. Collect.
Letourneux, p. 160.

1912.　—　—　—　DAUTZENBERG, Mission Gruvel, p. 95.

1912.　—　—　—　LAMY, Espèces rapportées au *G. Capsa*
par H. et A. ADAMS, Bull. Mus. Hist.
Nat., n° 6, p. 370.

HABITAT. — Duala. (Valves.)

Mactra nitida (SPENGLER) SCHRÖTER.

1786. *Mactra nitida*　　SPENGLER *in* SCHRÖTER, Einleit in die
Conchylienk., III, p. 88, pl. VIII. fig. 2.

1790.　—　—　Spengl.　GMELIN. Syst. Nat. édit.. XIII, p. 3258.

1803.　—　—　—　SPENGLER, Beskr., V, Heft 2, p. 93.

1817.　—　—　Schr.　DILLWYN. Descr. Catal., I. p. 136.

1817.　—　—　Spengl.　SCHUMACHER, Essai Nouv. Syst., p. 168,

1818.　—　*straminea*　LAMARCK, Anim. sans vert., V, p. 475.

1820.　—　*Nitida* Spengl.　WOODARCH, Introd. to Conch.. p 22.

1822.　—　—　—　MAWE *in* WOODARCH. Introd. to Conch.
2d edit.. p. 37.

1825.　—　—　—　MAWE *in* WOODARCH, Introd. to Conch.
3d edit.. p. 38.

1825.　—　*nitida*　—　WOOD. Index testac. p. 29. pl. VI, fig. 13
mala!.

1835. *Mactra nitida* Schr.　　DESHAYES *in* LAMARCK, Anim. sans vert., 2ᵉ édit., VI, p. 100 (note).

1835. — *straminea*　　DESHAYES *in* LAMARCK, ibid., p 100.

1838. *Schizodesma nitida* Spengl.　GRAY, Ann. a. Mag. of Zool.

1839. *Mactra* — Schr.　ANTON, Verzeichniss, p. 3.

1842. — — —　HANLEY, Recent biv. Sh., p. 30.

1845. — — —　CATLOW et REEVE, Conchol. Nomencl., p. 14.

1853. — — —　DUNKER, Index Moll. Guinea, p. 61, pl. X, fig. 18, 19, 20 var. (Loanda).

1853. *Trigonella nitida* Spengl.　MÖRCH, Catal. Yoldi, II, p. 5.

1854. *Mactra* — Schr.　REEVE, Conch. Icon., pl. XI, fig. 46 (Sénégal).

1856. — — Spengl.　WOOD, Index testac., édit. Hanley, p 37, pl. VI, fig. 13 (mala).

1857. — *Nitida* —　GRÜNER, Cat. Collect. Grüner, p. 2.

1858. — *nitida* —　H. et A. ADAMS, Genera of rec. Moll., II, p. 379.

1863. — —　MÖRCH, Catal. Lassen, p. 24.

1871. — *(Schizodesma) nitida* Schr.　E. et A. SMITH, List of Sh. fr. W. Afr., Proc. Zool. Soc. London, p. 728 (Wydah).

1884. *Mactra nitida* Spengl.　WEINKAUFF, Conch. Cab., 2ᶜ édit., p. 15, pl. IV, fig. 9, 10.

1884. — - Schr.　GRASSET, Index Test. viv., p. 248.

1888. — — —　MACARÉ, Catal. Collect. Rethaan Macaré, p. 3.

1888. — — …　MARTORELL, Catal. Mus. Martorell, p. 71.

1902. — — Gmel.　SHERBORN, Index Animalium, p. 665.

1908. — — Schr.　LAMY, Coq. rec. par Chevalier en Afr. Occid., Bull. Mus. Hist. Nat., n° 6, p. 389.

1910 — — —　DAUTZENBERG. Contrib. Faune Afr. Occid., I. p. 144.

1912. — — —　DAUTZENBERG. Mission Gruvel, p. 97.

HABITAT. — Duala. (Valves.)

Mactra (Standella) striatella LAMARCK.

1789.			ENCYCLOPÉDIE MÉTHODIQUE pl. CCLV, fig. 1ᵃ, 1ᵇ.
1818.	*Mactra striatella*		LAMARCK, Anim. sans vert. V, p. 473.
1824.	—	— Lamk.	DUBOIS, Epitome of Lamarck's Arr., p. 45.
1825.	—	— —	DUBOIS, ibid., p. 45.
1831.	— *albina*		DESHAYES, Encycl. Méthod. II, p. 395. (teste *ipso*).
1835.	— *striatella* Lamk.		DESHAYES *in* LAMARCK, Anim. sans vert. 2ᵉ édit., p 98.
1839.	— —	—	ANTON, Verzeichniss, p. 3.
1842.	— —	—	HANLEY, Recent biv. Sh., p. 29.
1844.	— —	—	POTIEZ et MICHAUD, Galerie de Douai II, p. 249 (excl. réf. Basterot).
1845.	— —	—	CATLOW et REEVE, Conchol. Nomenci., p. 14.
1852.	— —	—	MEDER, Catal. Collect. J. C. Meder, p. 60.
1854.	— —	—	REEVE, Conch. Icon., pl. III, fig. 12.
1857.	— *Striatella*	—	GRÜNER, Catal. Collect. Grüner, p. 2.
1862.	*Standella striatella*	—	CHENU, Manuel de Conch. II. p. 60, fig. 245.

1867. *Spisula (Matromeris) stria-*
     tella Lamk.   CONRAD, Catal. Mactridæ, Amer. Journ. of Conch. III, p. 45.

1876. *Mactra striatella* Lamk.   ROETERS van LENNEP, Cat. Collect., p. 62.

1884.	— —	—	GRASSET, Index Test. viv., p. 248.
1884.	— —	—	WEINKAUFF, Conch. Cab., 2ᵉ édit., p. 84. pl. XXIX, fig. 1.

1887. *Harvella (Standella) stria-*
     tella Lamk.   P. FISCHER, Manuel de Conch., p. 1117.

1908. *Mactra (Standella) stria-*
     tella Lamk.   LAMY, Coq. rec. par Chevalier en Afr. Occid., Bull. Mus. Hist. Nat., n° 6, p. 289.

1910. *Mactra (Standella) striatella* Lamk. DAUTZENBERG, Contrib. Faune
Afr. Occid. I, p. 144.

1912. — — — — DAUTZENBERG, Mission Gruvel,
p. 97.

HABITAT. — Duala. (Valves.)

Panopæa cancellata SOWERBY.

1873. *Panopæa cancellata* SOWERBY *in* REEVE, Conch Icon., pl. IV, fig. 4
(Australie)

HABITAT. — Duala. (2 valves.)

Cette rare espèce a été mentionnée par SOWERBY comme provenant d'Australie, mais nous en avions déjà reçu une valve de
M. CHOFFAT, indiquée comme ayant été trouvée sur la côte
d'Afrique. La récolte de M. FOURNEAU vient confirmer que la
véritable patrie du *P. cancellata* est bien l'Afrique Occidentale.

Tellina Dautzenbergi NOBRE.

1894. *Tellina Dautzenbergi* NOBRE, Sur la Faune malac. de S.-Thomé et de
Madère, Ann. Sc. Nat., I, p. 92, pl. V, fig. 2, 2ᵃ.

HABITAT. — Duala. (1 valve.)

Cette Telline n'était connue jusqu'à présent que de l'île de Sao-
Thomé.

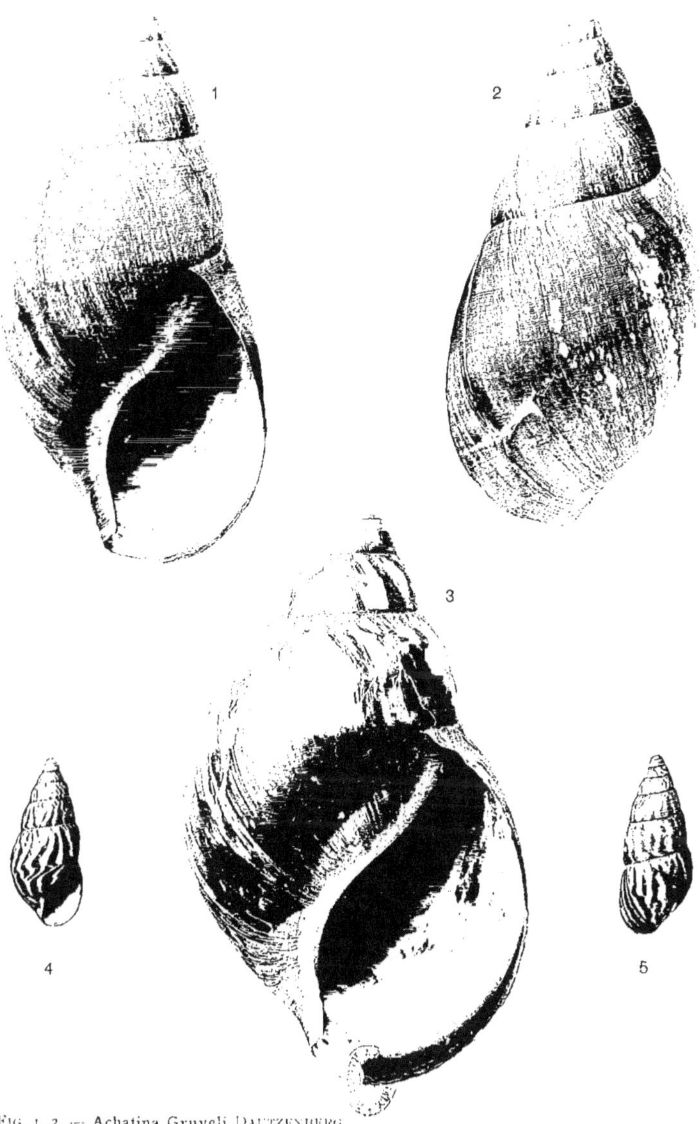

FIG. 1, 2. — Achatina Gruveli DAUTZENBERG
   3. — Achatina marginata SWAINSON, var. egregia DAUTZENBERG
   4, 5.   Limicolaria sp.

La **Revue zoologique africaine** est consacrée à l'étude de la faune
éthiopienne, et plus spécialement de la faune de l'Afrique centrale,
sous tous ses aspects. Les questions de systématique, de biolo...
distribution géographique des Animaux, tant Vertébrés qu'Inverté...
reçoivent un développement particulier, et l'étude du plancton des
cours d'eau y est également abordée. Le **Supplément Botani**...
lui a été adjoint, à partir du tome VI, étudie particulièrement la flo...
l'Afrique tropicale à ces mêmes points de vue.

En outre, la *Revue* publie des notes de zoologie et de botanique...
miques, traitant des Animaux et Végétaux utiles et nuisibles, ainsi...
études plus générales sur les Animaux supérieurs, destinées plus spéci...
aux agents séjournant en Afrique. Sous une rubrique spéciale il...
compte tout au moins des principaux mémoires relatifs à la faune...
flore africaines qui sont adressés dans ce but à la Direction de la...
Il y est également donné des notes au jour le jour de nature à...
les lecteurs et à les renseigner notamment sur les résultats obten...
les expéditions scientifiques ou de chasse parcourant l'Afrique.

La **Revue zoologique africaine** est polyglotte. Chaque to...
prend plusieurs fascicules et forme un volume de 300 à 400 pages...
tous les soins désirables, abondamment illustré et accompagné de...
hors texte. Son **Supplément Botanique** porte une pagination...

Par suite de l'augmentation considérable des frais
pression, le prix de souscription au volume est fixé,
du tome VI, à 60 francs, payables anticipativement.

Les auteurs de travaux insérés dans la *Revue* reçoivent gratuite...
50 tirés à part de leurs travaux.

La REVUE ZOOLOGIQUE AFRICAINE n'accepte aucun écha...
avec d'autres revues scientifiques.

Toutes communications relatives à la **Revue zoologique afric...**
doivent être adressées à

M. le Dr H. SCHOUTEDEN, rue Saint-Michel, 5, à Wat...
(Belgique).